本书系国家社会科学基金项目"用于科学结构分析的混合网络的社团研究"
（项目编号：19XTQ012）的研究成果

网络的社团

陈云伟 蒋 璐 张瑞红 肖 雪◎著

科学出版社

北 京

内 容 简 介

本书围绕网络社团分析方法在情报分析,特别是在合作网络和引文网络两大科学计量学研究热点领域的应用这一核心问题,对相关理论、方法和实践应用进行了研究,具体包括:网络社团的概念、典型社团划分算法的理论基础及其在科学结构和科研范式研究等方面的应用。

本书是专门介绍情报学研究领域网络社团分析方法及实践应用的专著,收录了笔者团队近年来开展的情报分析实践工作成果,相关内容可供情报学研究人员参考。

图书在版编目(CIP)数据

网络的社团 / 陈云伟等著. —北京:科学出版社,2023.3
ISBN 978-7-03-074877-5

Ⅰ.①网… Ⅱ.①陈… Ⅲ.①计算机网络–网络结构 Ⅳ.①TP393.02

中国国家版本馆 CIP 数据核字(2023)第 025968 号

责任编辑:张 莉 / 责任校对:韩 杨
责任印制:师艳茹 / 封面设计:有道文化

科 学 出 版 社 出版
北京东黄城根北街 16 号
邮政编码:100717
http://www.sciencep.com

北京中科印刷有限公司 印刷
科学出版社发行 各地新华书店经销
*
2023 年 3 月第 一 版 开本:720×1000 1/16
2024 年 1 月第二次印刷 印张:12 插页:12
字数:235 000

定价:88.00 元
(如有印装质量问题,我社负责调换)

前　言

　　从 2008 年最早接触社会网络分析方法至今，笔者已经关注社会网络分析并开展相关研究实践 14 年。在 2017 年先后出版了《社会网络分析在专利分析中的应用》《社会网络分析在情报分析中的应用》两部专著后，笔者及团队成员和学生对网络的社团划分问题开展了持续而深入的研究，并获得了 2019 年度国家社会科学基金项目的资助，本书系国家社会科学基金项目"用于科学结构分析的混合网络的社团研究"（项目编号：19XTQ012）的研究成果。

　　社团结构研究，特别是合作网络、引文网络等的社团研究已成为揭示科学结构、科研范式研究的有力工具。例如，2002 年格文（Girvan）和纽曼（Newman）首次提出"社团"概念时，就利用 GN（Girvan-Newman）算法揭示了圣塔菲研究所 1999～2000 年间的 271 位科学家的合作网络的社团结构[①]，与此同时，基于引文网络的社团研究则被越来越多地用于揭示科学结构，并展现出了良好的应用效果。在社团划分方法方面，近年来莱顿大学的瓦特曼（Waltman）和万艾克（van Eck）等做了大量有影响力的工作，他们于 2013 年开发了 CitNetExplorer 软件，集成了 SLM 算法[②]。后来，他们又将 SLM 算法升级为更加精准的莱顿算法（Leiden algorithm）[③]。笔者团队也改进了基于文本属性对文献间引用关系的加权方案，利用瓦特曼的评估方法[④]证明了这种将拓扑结构与文本属性加以整合的加权后的引文

---

　　① Girvan M，Newman M E J. 2002. Community structure in social and biological networks[J]. Proceedings of the National Academy of Sciences，99（12）：7821-7826.

　　② Waltman L，van Eck N J. 2013. A smart local moving algorithm for large-scale modularity-based community detection[J]. The European Physical Journal B，86（11）：1-14.

　　③ Traag V A，Waltman L，van Eck N J. 2019. From Louvain to Leiden：guaranteeing well-connected communities[J]. Scientific Reports，9（1）：1-12.

　　④ Waltman L，Boyack K W，Colavizza G，et al. 2020. A principled methodology for comparing relatedness measures for clustering publications[J]. Quantitative Science Studies，1（2）：691-713.

网络社团划分效果更优。

然而，多数相关工作对具有多种节点类型或多种关系的网络（如网络中同时包含作者和论文两种或两种以上类型的节点，或者网络的边涵盖了合作、引用或主题相似等两种或两种以上的关系）的研究较少，这种含有多种节点类型或多种关系的网络在本书中被定义为"混合网络"。网络中不同类型对象之间的相互关系在揭示网络所携带的丰富语义方面发挥着不同的作用，也可能得到多种不同的挖掘结果①。在混合网络研究方面，近年来涌现出的具有代表性的相关工作是综合考虑学术论文的文本属性与链接属性的混合聚类方法，如围绕 Glänzel 提出的综合引文耦合和文本相似度的"引文-文本"混合聚类算法②③④的一系列相关研究，证明了混合聚类方法比使用单一的方法进行社团划分的准确率更高。

鉴于此，本书除了对情报研究领域常用的网络社团划分方法进行系统梳理外，还重点介绍了笔者团队围绕社团划分方法的改良和实践应用，特别是加权引文网络、混合网络的社团划分方法研究，以及在揭示科研范式和科学结构方面的实践应用。这些研究成果可支撑并提升从中观层面来揭示科学结构及其演化规律的功能，对描述科技发展、知识演化和研究主题转移、探索学科间的亲缘关系、分析学科交叉等具有重要价值。

本书能得以出版，要感谢蒋璐、张瑞红、肖雪等研究生，她们在开展硕士学位论文研究的过程中，与笔者的研究项目开展了深度合作，或是在笔者的指导下完成相关研究，部分相关合作研究成果也收录在本书中。例如，有关加权引文网络的社团划分算法的理论及实证分析工作，是笔者与肖雪合作完成的；有关混合网络社团的划分研究是笔者指导张瑞红和蒋璐完成的。

---

① 孙艺洲，韩家炜. 2016. 异构信息网络挖掘：原理和方法[M]. 段磊，朱敏，唐常杰，译. 北京：机械工业出版社.

② Glenisson P，Glänzel W，Janssens F，et al. 2005. Combining full text and bibliometric information in mapping scientific disciplines[J]. Information Processing & Management，41（6）：1548-1572.

③ Janssens F，Zhang L，De Moor B，et al. 2009. Hybrid clustering for validation and improvement of subject-classification schemes[J]. Information Processing & Management，45（6）：683-702.

④ Janssens F，Glänzel W，De Moor B. 2008. A hybrid mapping of information science[J]. Scientometrics，75（3）：607-631.

　　要特别指出的是，本书介绍的有关网络社团的研究分析成果，并没有涵盖网络社团分析的全部方面，主要限定于在图书情报研究领域进行讨论，特别是科学计量学研究领域，相关应用研究也仅仅是笔者在过去几年时间里的一些研究与工作积累，相关内容仅用作与国内从事相关研究的同仁进行交流，也可供刚刚接触社会网络分析并对网络社团方面的研究感兴趣的研究人员参考。

　　本书第一章介绍网络社团的基本概念及典型社团划分算法，供初学者参考；第二章简要综述合作网络社团的研究进展，以及笔者基于合作网络开展的有关科学结构的实证研究工作案例；第三章简要综述引文网络社团的研究进展、笔者团队开展的加权引文网络社团划分方法与实践研究，以及笔者基于引文网络开展科研范式研究的案例；第四章主要围绕混合网络的社团划分方法进行讨论，并开展实证分析；第五章对不同社团划分算法进行比较；第六章进行相关讨论与展望，并提出相关发展方向。

陈云伟

2023 年 1 月 20 日

目　　录

彩图

第一章　网络社团的概念

第一节　网络社团的定义

在讨论网络社团的概念前，首先要了解图论、社会网络分析、复杂网络、异构网络、同构网络等相关概念。图论本身是数学的概念，利用节点和节点之间的边所构成的网络来表示现实世界中的各类复杂系统，与网络相关的主要概念如表 1-1 所示。

表 1-1　与网络相关的主要概念

概念	定义
网络	网络的概念源于图的概念。由给定的若干点及连接两点的边构成图，图的结构通常是描述事物之间的特定关系（Reinhard，2013）
社会网络分析（social network analysis，SNA）	社会网络分析是一种研究社会关系的方法，对社会关系结构及其属性加以分析，主要分析的是不同社会单位（个体、群体或社会）所构成的关系的结构及其属性（林聚任，2009）。社会网络分析特别适合研究服务环境的社会结构、关键行动者、社会关系如何变化以及解释实施结果等有关的传播与实施性问题，而在此过程中，网络的社团分析是最有力的手段之一
复杂网络	具有自组织、自相似、吸引子、小世界、无标度中部分或全部性质的网络称为复杂网络（钱学森等，1990）
异构网络	当网络中对象类型满足 $\|A\|>1$、关系类型 $\|R\|>1$ 时，成为异构网络（孙艺洲和韩家炜，2016）
异构网络	多种类型节点与多种关系的边所组成的网络是异构的（Taskar et al.，2002）
同构网络	相对于异构网络，节点与边的类型单一的网络是同构网络

社会网络或复杂网络具有社团结构是网络非常重要的性质，是在生物网络、万维网、社交网络、合作网络、引文网络等网络中常见的特征（Fortunato and Castellano，2007）。社团可以看作是在网络中拥有相似属性或扮演相似角色的节点集合，通常社团内部的节点之间连接紧密，而社团之间的节点连接稀疏。为了鉴别网络中的社团结构，研究人员开发了大量的方法，如 KL 算法（Kernighan and Lin，1970）、谱分解法（Fildler，1973；Pothen et al.，1990）和分层聚类算法（Boccaletti et al.，2006）等。其中，KL 算法通过基于贪婪优

化的启发式过程将网络分解为两个社团；谱分解法诞生于 20 世纪 70 年代，通过分析网络（对称矩阵）拉普拉斯（Laplacian）算子的特征向量来挖掘社团结构；分层聚类算法的总体思路是基于距离最近、相似度最高的社团开始合并，直到所有元素都归于一个社团为止。然而，这些传统的算法存在准确度不高、时间复杂度大以及需要事先知道网络中社团规模大小等缺点（Shi，2011）。

为此，过去二十多年中涌现出了大量可用于检测网络社团结构的工具，其中以 2002 年 Girvan 和 Newman 提出 GN 算法最具有里程碑意义（Girvan and Newman，2002）。GN 算法的提出掀起了新社团研究的热潮，但该算法依然存在时间复杂度高、不考虑社团划分的真实意义等缺点。随后，Newman 于 2004 年又提出 FN 贪婪算法（Newman，2004），并基于模块度函数（Q 函数）（Newman and Girvan，2004）值最大化来进行社团划分，可得到与 GN 算法相似的结果，但计算时间大大缩短。然而，由于以上算法的时间复杂度较高，所以仅适用于数据规模较小的网络。为此，Blondel 等提出了 Louvain 算法（Blondel et al.，2008），该算法可以相对快速地处理数以亿计的节点网络。随后 Rotta 和 Noack 在 Louvain 算法的基础上提出了 Louvain 算法的多级细分算法（Rotta and Noack，2011）。Waltman 和 van Eck 在上述两种算法的基础上提出了 SLM 算法（Waltman and van Eck，2013），后又将其升级为 Leiden 算法（Traag et al.，2019）。

对网络进行社团划分研究有助于理解其拓扑结构，具有重要的理论意义和应用价值。当前，科学研究的日益复杂性与交叉性使学科边界变得日益模糊，进而使科学结构越来越难以被清晰地认识。如何有效地发现科学结构已成为知识发现研究长期关注的焦点问题，对探索学科演化、发现学科交叉渗透、挖掘前沿方向具有重要价值。在网络中，社团内部节点之间具有很高的相似度，实际上标志着有共同兴趣或背景的成员集合，表示具有某种特性的社会团体，对网络的社团结构的分析有助于理解社会组织的构成及社会的演变；对生物网络中社团结构的分析可以揭示生物功能的模块、位置和作用等；对引文网络中社团结构的分析可以对相关学科主题进行探索，通过引入时间节点，可以分析学科主题的演变、预测学科主题的发展，还能对某一学科的产生背景、发展概貌等进行分析，从而揭示科学动态结构和发展规律。挖掘作者合作网络的社团结构，可以发现全球范围内科学家共同体的科研活动格局，揭示科学结构特征。

第二节　典型社团划分算法

本节对图书情报领域常用的 Q 函数、GN 算法、FN 算法、Louvain 算法、Louvain 多级细分算法、SLM 算法、Leiden 算法、Kernighan-Lin 算法等社团划分算法的原理和方法逐一进行介绍。

一、Q 函数

Q 函数由 Newman 和 Girvan 于 2004 年提出（Newman and Girvan，2004）。其含义是：网络中连接社团内部顶点的边所占的比例与另外一个随机网络中连接社团内部顶点的边所占的比例的期望值相减得到的差值。这个随机网络的构造方法为：保持每个顶点的社团属性不变，顶点间的边根据顶点的度随机连接，如果社团结构划分得好，则社团内部连接的稠密程度高于随机连接网络的期望水平。一般认为，模块度值越大，所得到的划分越好。Q 函数已成为当前衡量社团划分效果所采用的最广泛的方法（Blondel et al.，2008），可用于任何类型网络的社团划分（Chen and Redner，2010）。

二、GN 算法

GN 算法的基本流程是：首先计算网络中所有边的介数（Newman，2001），然后找到介数最高的边并将其从网络中移除，不断重复第二步，直到每个节点成为一个独立的社团为止（Janssens et al.，2009）。在执行该算法的过程中，若不提前给定社团数目，则算法无法确定最佳社团，也会导致算法提前结束。GN 算法有利有弊，优势是对一些简单的中小规模的网络，执行效率相对较高；劣势是对网络结构复杂且规模较大的网络，该算法执行效率较低。究其原因：GN 算法在社团划分过程中以计算边介数为主，而边介数的计算耗时较长。在形成社团的过程中，需要不断地计算边介数，移除网络边，再计算边介数，循环往复，导致运行时间较长。因此，对于巨型网络，GN 算法执行时间久，效率较低。

三、FN 算法

由于 GN 算法在没有确定聚类数目的前提下无法找到最佳社团，因此纽曼等提出了模块度的概念，并利用 FN 贪婪算法开展社团划分。模块度对于社团划分质量的评估具有一定的说服力，在一定程度上是评估社团划分好坏的相对标准。FN 算法的基本流程是：首先将每个节点视为一个社团，然后将社团不断进行合并计算 Q 值的变化，每次合并都按照 Q 值增加最大的方向进行，直到所有节点都并入同一个社团。在此过程中，Q 值最大时得到最佳的社团划分（Newman，2004）。纽曼提出的 FN 贪婪算法在时间复杂度和速率方面都有较大提升，利用模块度的变化来确定社团的数量，在一定程度上可以取得很好的划分效果。因此，该算法被广泛应用于大规模网络。

四、Louvain 算法

Louvain 算法及其多级细分算法、SLM 算法的基础都是 LMH（局域启发式移除）算法，其思想是按照 Q 值增加的方向，将一个社团的节点不断移至另一个社团，直至 Q 函数达到峰值后停止移动。LMH 算法采取随机的方式进行迭代，其特点在于效率高，可以处理大规模网络。

Louvain 算法（Blondel et al.，2008）以 Q 函数为衡量指标，执行过程分为两个阶段并反复迭代（图 1-1）。①运行 LMH 算法。每个节点 i 视为一个社团，其所在社团为 C，U 为与节点 i 邻接的社团，如果将 i 从 C 移到 U 后模块度增量最大，则执行此次移动，否则 i 不移动。对网络中的每个节点都重复以上过程，直到 Q 值不再增加。②社团合并。将上述划分好的社团作为一个新的节点（即简化网络），新节点之间的权重为社团内节点间的权重和。步骤②结束后则返回步骤①进行迭代计算，直到模块度不再发生变化，算法结束。

五、Louvain 多级细分算法

Louvain 多级细分算法的特点在于除了利用 LMH 算法来产生社团进行不断合并外，还可以在划分好的社团间按照增加 Q 值的方向来移动节点，直到无法移动为止（Blondel et al.，2008）。

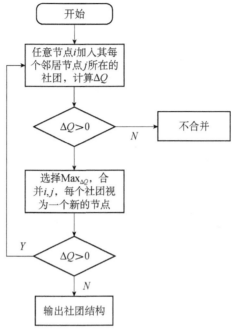

图 1-1 Louvain 社团划分算法流程图

六、SLM 算法

SLM 算法的第一步与 Louvain 算法的步骤①相同，然后也要运行类似步骤②的构建简化网络的步骤，区别在于：在构建简化网络前，还需要增加几个步骤（图 1-2）。SLM 算法的特点在于允许已经被划分社团的节点被重新划分，因此无须再运行 Louvain 算法的多级细分而实现社团划分，同时解决了社团合并和单个节点在社团间移动的问题（Blondel et al., 2008）。对于三个基于 LMH 的算法而言，尽管每运行一次 SLM 算法需要进行更多的迭代次数，但 SLM 算法运行一次获得的社团划分效果已经优于多次运行 Louvain 算法及其多级细分算法的社团划分效果，这意味着利用 SLM 算法进行社团划分无须多次重复运行。通常 SLM 算法运行 2～5 次迭代已经可以超过 Louvain 算法及其多级细分算法的效果。

七、Leiden 算法

Leiden 算法基于智能局部移动算法、加速节点局部移动的思想对 Louvain

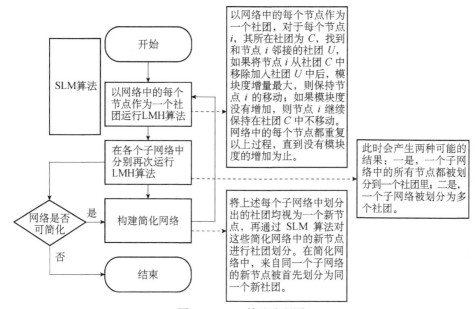

图 1-2　SLM 算法流程图

算法提出改进。Leiden 算法保证所有的社区都是连接的，有效地解决了 Louvain 算法中社区连接不良的问题。当迭代应用 Leiden 算法时，它会收敛于一个分区，在该分区中，所有群体的所有子集都是局部最优分配的。在实际应用中发现，相比 Louvain 算法，Leiden 算法通常能在较短的时间内找到质量较高的分区。Leiden 算法分为三个阶段进行，算法示意图如图 1-3 所示。

（一）节点局部移动

与 Louvain 算法不同，Leiden 算法在这个阶段使用了快速局部移动。快速局部移动步骤总结如下：首先，Leiden 算法将网络中的所有节点初始化为一个队列，节点以随机顺序添加到队列中。然后，从队列头部删除第一个节点，将其加入其他社团中，判断是否可以提高质量函数，如果可以，则将节点移动到这个社团当中，把不属于该新社团也未加入队列的节点放到队列尾部。之后，不断重复从队列头部删除节点直至队列为空。Leiden 算法对网络中所有节点的第一次访问与 Louvain 算法相同，但在所有节点都访问过一次之后，Leiden 算法只访问那些邻居发生变化的节点，Louvain 算法则不断访问网络中的所有节点，直到不再有增加质量函数的节点移动才停止。如此，Leiden 算法比 Louvain 算法更有效地实现了局部移动。

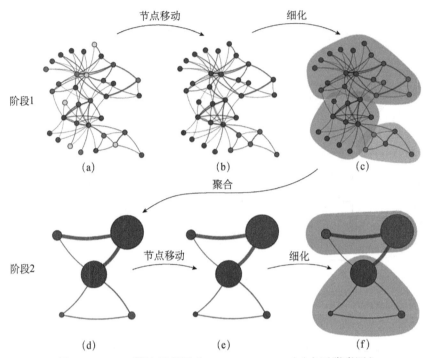

图 1-3　Leiden 算法示意图（Traag et al.，2019）（文后附彩图）

（二）分区细化

Leiden 算法中细化阶段的思想是识别出细化（$P_{refined}$）分区，P 中的每个社区都可以划分为多个子社区，步骤如下：首先，将通过上一步骤识别出的社区设置为 $P_{refined}$，其中每个节点都位于自己的社区中；然后，该算法对 $P_{refined}$ 中的节点进行局部合并，合并仅在 $P_{refined}$ 的每个社区内执行，并且只有当两个邻居节点均与 P 中的社区充分连接时，节点才会与 $P_{refined}$ 中的社区合并。细化阶段结束后，P 中的社区通常会被分成多个 $P_{refined}$ 的社区。

需要注意的是：在细化阶段，节点不一定贪婪地与使质量函数增加最大的社区合并；相反，节点可以与使质量函数增加的任何社区合并，并且与节点合并的社区是随机选择的，一个社区与节点合并使质量函数的增加越大，就越有可能选择这个社区。社区选择的随机性允许更广泛地探索分区空间，当节点贪婪地与使质量函数增加最大的社区合并时，可能导致无法找到一些最佳分区。

（三）聚合

创建基于细化分区的聚合网络，并使用非细化分区为聚合网络创建初始分区，通过创建基于 $P_{refined}$ 而不是 P 的聚合网络，Leiden 算法便有更多的空间来识别高质量的分区。重复以上步骤，直到没有进一步的改进。

八、Kernighan-Lin 算法

Kernighan-Lin 算法借鉴纽曼贪婪算法的基本思路，通过不断尝试找到增益函数 Q 的最大解的方法来实验出最优社团划分结果。该算法的局限在于仅适用于将网络分为两个社团，并且节点数需要确定。

九、效率与适用性比较

通过相关文献与实践验证发现，普通计算机运行早期的 GN 算法处理数以千计的节点时很难完成任务，与 GN 算法相比，FN 算法的时间复杂度下降，可用于计算节点众多的引文网络、合作网络以及因特网上规模较大的网络，时间复杂度为 $O[(m+n)n]$。后续优化的像 Louvain 算法等适合大规模网络的社团划分算法，在运行过程中呈现出的是线性时间复杂度，时间效率大大提升。Louvain 算法在处理拥有 1.18 亿个节点的复杂网络时，探测社团的时间仅为152 分钟（Girvan and Newman，2002）。对几种典型社团划分算法的特性归纳如表 1-2 所示。

表 1-2 几种典型社团划分算法比较

算法	类型	核心思想	时间复杂度（m 条边，n 个节点）	模块度（针对空手道俱乐部数据）
GN 算法	分裂法	将边介数最高的边从网络中移除	$O(mn^2)$	0.4
FN 算法	聚合法	将社团朝模块度增量最多的方向合并	$O[(m+n)n]$	0.381
Louvain 算法	聚合法	基于模块度的 LMH 算法	$O(n)$	0.4151
Louvain 多级细分算法	聚合法	基于模块度的 LMH 算法	—	0.4198
SLM 算法	聚合法	基于模块度的 LMH 算法	—	—

第三节　社团划分效果评估指标

社团划分效果的评估指标有很多种，对于不同的实验需求使用的评估指标也不一样。本节主要介绍在社团划分研究领域使用最广泛的三种指标：标准化互信息（normalized mutual information，NMI）（陈长赓，2019）、调整兰德指数（adjusted Rand index，ARI）（Santos and Embrechts，2009）和模块度函数 Q（Girvan and Newman，2002），其中标准化互信息和调整兰德指数是针对已知真实社团划分结果的评估指标，模块度函数是针对不知真实社团划分结果的评估指标。

一、标准化互信息

标准化互信息是一种在信息论、概率论知识基础上产生的评估社区划分结果的相似性度量方法，通常用于检测真实划分结果与实际划分结果之间的差异，可以直观地表现出社团划分结果的好坏。NMI 的计算如式（1-1）所示：

$$\mathrm{NMI} = \frac{-2\sum_{i=1}^{C_A}\sum_{j=1}^{C_B} N_{ij} \times \log\left(\dfrac{N_{ij} \times N}{N_i \times N_j}\right)}{\sum_{i=1}^{C_A} N_i \times \log\left(\dfrac{N_i}{N}\right) + \sum_{j=1}^{C_B} N_j \times \log\left(\dfrac{N_j}{N}\right)} \tag{1-1}$$

其中，A 和 B 为网络中划分出来的结果集，N 是所有节点的数量，C_A、C_B 分别代表 A、B 中社团的个数，N_{ij} 表示两个社团共有节点的个数，N_i（N_j）为 N 中第 i（j）行元素之和。NMI 的取值范围为[0, 1]，值越大说明社团划分越准确。

二、调整兰德指数

从广义角度来讲，调整兰德指数衡量的是两个数据分布的吻合程度，即通过每个点对在不同的社团划分下是否保持一致来比较社团划分结果与真实划分的相似性（王益文，2015），其定义如式（1-2）所示：

$$ARI = a_{11} - \frac{\dfrac{(a_{11}+a_{01})(a_{11}+a_{10})}{a_{00}}}{\dfrac{(a_{11}+a_{01})+(a_{11}+a_{10})}{2} - \dfrac{(a_{11}+a_{01})+(a_{11}+a_{10})}{a_{00}}} \qquad (1\text{-}2)$$

其中，a_{11} 表示在真实社团划分与实际社团划分中都属于同一社团的点对数，a_{00} 表示在真实社团划分与实际社团划分中都不属于同一社团的点对数，a_{10} 表示在真实社团划分中属于同一社团而在实际社团划分中不属于同一社团的点对数，a_{01} 表示在真实社团划分中不属于同一社团而在实际社团划分中属于同一社团的点对数（Karatas and Sahin，2018）。其取值范围为[-1, 1]，值越大说明实际划分结果与真实划分结果越吻合，与标准化互信息相比，调整兰德指数有更高的区分度。

三、模块度函数

模块度函数是由纽曼和格文提出的，通过优化模块度 Q 可以获得更优的社团划分结果，模块度 Q 可以使社团内部节点之间的联系更加紧密，因此它是一种衡量社区强度的指标（薛维佳，2020），其定义如式（1-3）所示。

$$Q = \frac{1}{2m} \sum_{ij} \left(A_{ij} - \frac{k_i k_j}{2m} \right) \delta\left(C_i, C_j\right) \qquad (1\text{-}3)$$

其中，i 和 j 是任意两个节点，k_i、k_j 分别为节点 i、j 的度，m 为网络中的总边数。当两个节点直接相连时，$A_{ij}=1$，反之为 0；C_i、C_j 分别代表节点 i、j 被划分到的社团，如果两个节点被划分到同一社团，则 $\delta=1$，否则为 0。其取值范围为[0, 1]，Q 值越大说明划分的社区结构越稳定，效果也越好。

有关三个指标的对比如表 1-3 所示。

表 1-3 3 种社团划分评估指标对比

指标名称	是否已知真实社团划分结果	指标类型	取值范围	值与社团划分结果的关系
标准化互信息	是	衡量数据分布间的差异	[0, 1]	正相关
调整兰德指数	是	衡量数据分布间的吻合程度	[-1, 1]	正相关
模块度函数	否	衡量社区强度	[0, 1]	正相关

第二章 合作网络的社团

在全球科研系统中，合作已经成为一种全球共同准则，政府机构、决策机构、资助机构、高校、科研机构、工业界都将合作作为现代学术生活的一个重要组成部分。科学家为了获取成功，探索科技前沿，也越来越重视合作，彼此之间的合作在全球范围内大大增加。Whitfield 指出，在科学研究领域的合作行为已经呈现出日益增加的趋势，在过去几十年时间里，从论文作者角度分析，具有原创性的研究论文几乎都拥有多位作者，而只有一位作者的论文所占比例在降低（Whitfield，2008）。已有多项研究证明了科学家的科研表现与其合作水平的正相关性。科学家之间通过合作促进科学发展，实现整合资源和专业知识、跨国家和跨学科分享新观点、指导缺乏经验的学者或研究生与他人合作。

第一节　合作网络社团结构研究进展

科学家合作网络结构及演化分析是情报学领域的研究热点之一。科学计量学家 Katz 和 Martin 认为，科研合作即研究者为生产新的科学知识这一共同目的而在一起工作（Katz and Martin，1997）。科研合作为有效交流以及智力、能力和资源的共享提供了前提（Hefner，1981）。科学领域的合作研究，不仅可以实现科技资源的共享，而且对于打造一支具有较高研究水平、富有较强创新能力的科研团队具有重要意义（谢彩霞和刘则渊，2006）。开展合作网络研究，捕捉社区内科学合作的结构，能够在一定程度上反映某一领域科研合作和学术交流的发展速度与质量，体现知识共享与知识互补。

关于合作网络的社团结构研究，以格文和纽曼的合作网络社团划分算法的研究最具影响力，早在 2002 年 Girvan 和 Newman 首次提出"社团"概念时，他们就以圣塔菲研究所的科学家合作网络为研究对象，开展个人合作网络的社团划分研究，用于验证 GN 算法的效果。其他具有代表性的工作包括：Börner 等基于论文数量以及本地（local）和全球（global）被引频次数据研究了作者赋权合作网络的影响，用于识别由特定作者合作网络社团所表征的新兴科学领域（Börner et al.，2005）。Lambiotte 和 Panzarasa 通过合作网络的社团结构研究了科学合作模式是如何促进知识创造和扩散的（Lambiotte and Panzarasa，2009）。笔者基于 1978～2010 年期刊《科学计量学》（Scientometrics）上所发表论文的作者合作网络，分析了科学计量学领域科学家的科研合作特征及演化情况，挖掘了不同历史时期科学计量学领域的重要学者（Chen et al.，2012）。Moliner 等研究了人才管理领域科学家合作网络的社团结构（Moliner et al.，2017）。Zheng 等基于单本期刊的作者共著网络开展了社团的演化研究，并基于统计和网络的中心性提出"综合影响指数"来评估共同作者网络中的作者（Zheng et al.，2017）。Mao 等提出了一种利用机器学习技术和网络理论来检测同时具有拓扑与主题特征的主题科学社团的方法（Mao et al.，2017）等。廖青云构建了基于合作网络的科研团队识别方法，将科研合作程度界定为合作次数与合作时长的函数，依此改进社团划分算法涉及的网络边权重度量方式，实现社团划分算法在科研团队识别领域的有效应用（廖青云，2018）。罗纪双考虑了科研合作机构之间合作的紧密性，从节点领域特性和网络拓扑结构两个方面，利用改进的 Louvain 算法对科研合作网络进行社区划分，迅速发现网络中的科研团队（罗纪双，2019）。Aung 和 Nyunt 使用 Louvain 算法探测大学合著者网络中的社团结构，揭示了计算机科学研究中科学协作的特征模式（Aung and Nyunt，2020）。王沛然引入作者合作网络，以作者为节点实现基于社团划分算法的学术团体分析算法，了解学术领域的发展状况（王沛然，2020）。Hou 等基于典型的开源软件生态系统 GitHub，结合网络拓扑信息和开发者的交互信息计算合作强度，从拓扑和语义两个方面深入探索开发者之间的关系，借鉴 Louvain 算法的层次聚类思想，提出了基于开发者合作强度的算法，该算法可以清晰地识别出 GitHub 开发者合作网络中的社团结构（Hou et al.，2021）。余思雨提出结合多层邻域重叠率和历史标签相似性的标签传播算法（label propagation algorithm，LPA）对特定的科研合作网络进行划分，获得了关系紧密且较为准确的合作圈子（余思雨，2021）。于建军团队利用改进的 K-means 算法对作者合著网络进行社团划分，并提出基于 Hilltop 算法的方法实现共同作者的推荐，以从大量文献中推荐出存在潜在合作关系的作者（Jin et al.，2021）。

综上，目前针对合作网络的社团划分，大多以作者合作网络或机构合作网络为主，基于已有的社团划分算法，旨在揭示某一领域的学术团体合作情况或学科发展状况。科学各细分领域的学术圈往往主要由一小群学者组成，他们相互交流，彼此熟悉工作（von Krogh et al.，2012）。基于此，笔者利用科学家合作网络的社团结构研究了中国科学院量子信息与量子科技前沿卓越创新中心的科学结构。

第二节　合作网络社团揭示科学结构

一、科学结构的定义

科学研究的日益复杂性与交叉性使学科边界变得日益模糊，进而使科学结构越来越难以被清晰地认识。科学结构是长期形成的、固有的、不以人的意志为转移的客观存在（卫军朝和蔚海燕，2011），是科学内在逻辑的外在体现，反映在科学的门类结构、科学的学科结构、科学的知识结构（赵红洲，1981）。虽然科学的内在本质是客观不变的，但是外在体现却随着人类对科学认知的不断加深而不断演化。如何有效地发现科学结构已成为知识发现研究长期关注的焦点问题，对探索学科演化、发现学科交叉渗透、挖掘前沿方向具有重要价值。

当科学计量学领域以作者作为研究对象时，作为文章的作者，从研究科学结构的角度出发，作者间形成的社团就可以称为"科学共同体"。不同的学者对共同体有不同的认识与理解，对共同体的定义也不唯一。一般而言，科学共同体又被称为科学家的共同体（the community of scientists），是科学家的组织和团体，是科学家在科学活动中通过相对稳定的联系而结成的社会群体，体现了集体科学劳动的一般社会存在形式，也是科学建制的核心。

科学家之间的信息交流不仅存在正式的交流方式，而且存在非正式的交流方式。相关研究中，学者普赖斯通过构建合作网络，发现科学家一般通过学术组织或会议等相对正式的方式进行信息交流与合作，另外，科学家之间也存在非正式的无形的交流网络（普赖斯，1982）。普赖斯认为，每一个科学家或科研团体之间都存在特定或无形的圈子，在此基础上，各自保持一定程度上的联系与交流，形成关联，并对所在领域或研究目标共同做出积极贡献。这样形成的科学网络中的群体被称为"无形学院"（Price and Beaver，1966）。在对"无形学院"的相关研究中，Crane 以无形学院为假设，采用调查问卷、社交数据等方式，对科学家群体的社会结构进行讨论与探索，归纳了无形学院与社交圈子的相同点与不同点（Crane，1969），从直接或间接的角度对无形学院的假设进行了验证，结果支撑了无形学院的假设。同时，克莱恩（Crane）指出，科学共同体成员之间具有不同的产生联系的方式，或直接交流与合作或间接交流与合作。其中，直接的联系是不需要中介的，科学家之间可以直接进行沟通对话，主要形式是论文合著；间接的联系需要通过第三方中介来产生联系，主要的形式是论文引用。近年来，有关无形学院的研究多集中于知识转移与合作关系方面，对于在错综复杂的科研合作网络之中所形成的松散而自由的合作形态，在方法学上以科学计量学为主（Gherardini and Nucciotti，2017；Hotson，2016），如计算网络密度、测量节点中心性，以及知识图谱可视化分析等。

根据李一平和刘细文（2014）对科学共同体的特征研究，可将文献计量学方法总结归纳为四种：①基于引文的计量方法，如文献引用频次分析、文献同被引分析、文献耦合分析等；②基于作者的计量方法，如作者同被引分析、作者合著分析等；③基于词汇的计量方法，如词频统计分析、关键词共现分析等；④基于两种对象的交叉共现计量方法。本节将这四种方法基于的研究对象划分为三种，分别是基于引文分析的方法、基于合著分析的方法、基于关键词分析的方法，各方法间的对比如表2-1所示。

表2-1　三种文献计量学方法比较

对比项	引文分析		合著分析	关键词分析
分析单元	（同被引）文献	（耦合）文献	作者	关键词
直接关系	参考文献–参考文献	引文–引文	作者–作者	关键词–关键词
关系媒介	引证文献	被引文献	单篇文献	关键词
科学共同体关系类型	隐性	隐性	显性	隐性
科学共同体时间类型	过去	现在	现在	现在

国内外学者广泛应用以上方法进行学科领域的实证研究：马费成和宋恩梅（2006）、侯海燕等（2006）应用作者同被引分析方法，进行了科学共同体测度和学科知识结构相关研究；Kretschmer（1997）、Zhang和Guo（1997）等应用合著分析方法进行了合著模式以及合著网络特性的研究；马瑞敏和倪超群（2012）、陈远和王菲菲（2011）等应用作者文献耦合分析方法进行了具体学科领域的知识结构探究；邱均平和王菲菲（2010）、丁敬达（2011）等应用作者关键词耦合分析方法进行了潜在合作关系及科学交流规律的研究。

通过文献调研和比较发现，引文分析一般是同被引分析或耦合分析，但是同被引分析存在时间的滞后性，且引文分析揭示的是隐性的科学共同体或科学结构，同样的关键词也是从词汇出发揭示隐性的科学结构。而作者合著是以作者为研究对象，直接呈现作者之间的合作关系，是显性的。

因此，本节从科学家合作网络角度出发来研究科学共同体的内部交流特征，进而揭示特定领域的科学结构。

二、基于合作网络的科学结构分析实例

本部分选择美国和英国两家量子信息领域的国际领先科研单元作为实证分析对象，以 2014 年以前 Web of Science（WoS）数据库中收录的两家科研单元的课题组组长发表的所有论文作为数据基础，数据下载日期为 2015 年 3 月。下载的数据利用 DDA 软件对作者字段进行清洗，以保证作者名称的唯一性。两家科研单元分别是：美国麻省理工学院极限量子信息理论中心（Center for Extreme Quantum Information Theory at MIT，以下简称 MIT-QIT）和英国牛津大学量子计算中心（Oxford Quantum，以下简称 Oxford-Q）。

为呈现两家科研单元的科学家之间的合作结构，本节基于各科研单元科学家合著论文的情况构建了科学家合作网络，以揭示两家科研单元科研合作结构的差异，其合作结构指标如表 2-2 所示。

表 2-2　两家科研单元科学家合作结构指标

科研单元	网络密度	网络直径
Oxford-Q	0.0828	7
MIT-QIT	0.0942	6

分析科研合作网络发现，其网络密度相近，网络直径相近，意味着其团队内合作紧密，团队间合作相对稀疏。

分析 Oxford-Q 的科研合作网络发现，网络密度较小，网络直径较大。在量子材料领域的科学家合作程度相对较高，在其他领域的合作以团队内合作为主。Oxford-Q 的团队间合作维持弱关联关系，网络总体上呈现稀疏的弱合作关系（图 2-1）。

分析 MIT-QIT 的科研合作网络发现，网络密度较小，网络直径较大。7 位科学家各自拥有相对独立的合作网络，合作者多为博士后、访问学者和学生；7 位科学家之间维持了一定弱强度的合作关系。可见，MIT-QIT 的科学家在保

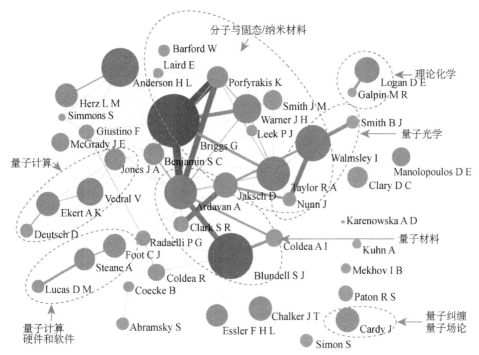

图 2-1　Oxford-Q 的 45 位科学家合作网络图（仅显示 45 位科学家）（文后附彩图）

持独立性的同时又维持着一定水平的合作（图 2-2）。

　　总体而言，Oxford-Q 和 MIT-QIT 的科学家合作网络因为合作相对稀疏，导致拥有较低的网络密度却获得了较高的网络直径。数据表明，Oxford-Q 和 MIT-QIT 属于小团队攻关的研究模式。

　　从科研范式形成原因角度进行分析，麻省理工学院的学科组织除了传统的学科设置外，还有由大量的跨系、跨学科的项目、实验室和研究中心组成的学术机构，MIT-QIT 即是联合来自 5 个学术性部门和 5 个主要研究实验室与中心的理论科学家，在麻省理工学院的量子信息理论研究人员之间建立了基于同一目标的跨部门与跨学科的研究工作，研究呈现网络分布结构。牛津大学的学科界限非常模糊，注重跨学科的研究，坚持在多学科领域、在全世界范围内广泛合作。牛津大学还定期开展学术调查活动，统计未得到外部资助的科研人员在科研和教学方面所花费的时间，所得数据将为大学成本分摊提供依据。

　　在组建机制方面，MIT-QIT 和 Oxford-Q 都以围绕特定目标构建跨学科交叉中心为原则，以科学家为元素构建，每位科学家都有自己独立的研究方向和特长。

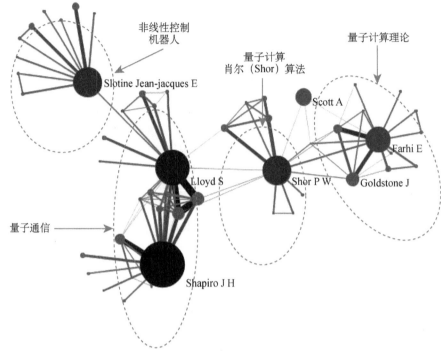

图 2-2　MIT-QIT 的 7 位科学家合作网络图（仅显示论文数量不低于 5 篇的合作者）
（文后附彩图）

　　合作网络的社团结构研究，为我们分析科研机构、科研单元、实验室、研究中心或研究团队的组织结构、运行机制、人才队伍构成等提供了量化的客观依据，进而可以揭示由科研人员的科研活动所反映出来的科学结构。这些客观信息一方面可以作为我国组织相关研究活动的参考依据，另一方面也是作为研判相关领域国际研究热点和前沿方向、挖掘学科间的交叉互动行为的重要依据。同时，对指导开展相关领域的国际科研合作具有现实意义。

第三章　引文网络的社团

引文网络的实质是文献之间的引用关系。由于论文倾向于引用主题相关或相近的参考文献，因此在引文网络中通常可以观察到社团结构，而这种社团内部通常包含的是有关某一主题或一组相关主题的相似论文集合。对于特定的领域，引文网络中的社团检测可用于发现相关文献，检测到的主题及其之间的相互关系可能有助于研究人员和决策者了解整个领域的研究格局。

第一节　引文网络社团研究进展

通过对当前引文网络的社团划分方法进行梳理和总结发现，引文网络的社团划分方法主要可分为两类：一类是仅基于拓扑结构的方法，另一类是同时考虑拓扑结构与文本内容的方法。

其中，仅基于拓扑结构的方法主要借鉴复杂网络的社团划分算法开展引文网络社团的实证研究，如 Wanjantuk 和 Keane（2004）等运用复杂网络随机游走方法，充分利用引文网络内拓扑图结构的特征对引文网络进行聚类，并对社团结构进行分析，通过社团结构得到相似的文献，并对科技文献主题进行分析。Kajikawa 等（2008）从 SCI 数据库中下载了 1970～2005 年的论文进行分析，提取最大网络成分，剔除没有引用关系的论文，利用 FN 算法对最大网络成分进行聚类，并用频繁出现的关键词表示社团主题，计算每个社团内所有论文的平均出版年份，通过分析社团随时间的变化情况来识别新型研究领域。Shibata 等（2008）用相同的算法对氮化镓和复杂网络两个领域的科研论文进行了引文网络的聚类分析，以检测新兴研究领域的兴起，他们设定引文次数的阈值来减少文章之间的连接，从而降低网络的复杂度，并将引文网络社团结构随时间的变化用可视化方法展示出来。Shibata 等（2009）对这种研究某领域的学科结构并监测新兴研究主题的方法进行了总结，主要利用复杂网络社团结构分析方法，以及结合提取社团主题的文本挖掘方法和分析节点位置的社会网络分析方法等。Chen 和 Redner（2010）利用引文网络中的社团划分方法对物理学领域的学科结构与研究进展进行了分析，通过分析 1893～2007 年发表的物理学科综述文献的引文网络，利用社团划分的方法识别物理分支学科，并对不同社团间所代表的学科分支间的知识联系进行分析，得到该学科领域的知识结构和发展历程。Chen 等（2009）认为如果两个节点之间拥有更多的邻居，则这两个节点更容易形成连边，基于这种方法来衡量节点的相似性，并进一步提出 FOAF（Friend of A Friend）算法来划分社团。Zhang 等（2009）使用相关邻居关系来衡量节点的相似性，从而得出两个节点被分配到同一个社团的可能性。2010 年，Chen 等（2010）介绍了 CiteSpace 软件中所使用的聚类方法，通过对引文网络社团结构的划分以及对社团进行主题标注可以识别学科领域的内部结构和发展特征，以及分析相关学科背景与最新发展前沿等。Pan 等（2004）提出一种随机游走算法，基于全局随机游走马尔可夫链模型来测量节点的相似性。此外，Pan 等（2010）利用节点对之间相同邻居的度评估节点的相似性，基于节点的相似性进行社团划分，这种方法的缺陷是如果节点对之间并无相同邻居，则无法比较两者的相似性。Ren 等（2012）提出了一种适用于引文网络的高度聚类及包含三角结构的新社团划分算法。Chen 等（2013）根据引文语义链网络模型提出了一种基于引文语义相似度计算的引文语义链网络的社团划分算法。Lou 等（2013）使用相关邻居关系来指导标签传播算法的标签传播，从而能高效地进行社团划分。Symeonidis 等（2010）将局部图特征扩展到全局图特征，然后利用全局图特征来计算节点的相似性。其他代表性的研究工作还包括 Waltman 和 van Eck（2012）、Boyack 和 Klavans（2014）、Ruiz-Castillo 和 Waltman（2015）、Subelj 等（2016）、Kusumastuti 等（2016）、Klavans 和 Boyack（2017）、Yudhoatmojo 和 Samuar（2017）、Haunschild 等（2018）、Sjögårde 和 Ahlgren（2020）。

在同时考虑拓扑结构与文本内容的方法方面，引用关系包括直接引用（Chen et al.，2013；Fujita et al.，2014；Chen et al.，2017）以及文献耦合或同被引（Ahlgren and Colliander，2009；Glänzel and Thijs，2017；Meyer-Brötz et al.，2017；Yu et al.，2017）。Hofmann（1999）在潜在语义分析（latent semantic analysis，LSA）算法的基础上提出了概率 LSA 算法——PLSA 算法，极大地提高了 LSA 的精度，使发现的社团更加依赖主题。Ding 等（2000）通过将共性网络社团分析与传统叙词表的使用相结合，用于提升文献检索工作的多样性。Blei 等（Blei et al.，2003）提出了一个三层贝叶斯图模型——隐狄利克雷分布（latent Dirichlet allocation，LDA），开启了基于概率图模型的主题社团划分算法的时代。Rosen-Zvi 等（2004）提出了作者-主题（author-topic，AT）模型，在 LDA 模型的基础上加入作者信息，提高了 LDA 的精度。Mimno 等（2007）提出了社团-作者-话题（community-author-topic，CAT）模型，这是一个基于社团的产生式模型，分别对作者和文章聚类。2008 年，Tang 等（2010）在作者–主题 LDA 的基础上加入了出版发表等信息，将作者看成是主题、文章、文章的会议的多项式分布，提出了作者–会议–主题（author-conference-topic，ACT）模型。Nguyen 等（2010）在提取主题社区的基础上，进一步提取元社区，在核对每个元社区与对应文章的情感表达后，作者发现通过元社区可以很好地反映一篇文章所表达的主题及情感，把社区发现提高到了情感发现层。Erosheva 等（2004）在网络分析中首先通过假设每个社区的链接分布，将 LDA 扩展到链接分析，提出了用于链接分析的 LDA-Link 模型，然后结合 LDA 和 LDA-Link 提出 LDA-Link-Word 模型。Xu 等（2007）提出一种基于结构情景相似性的思想来计算网络中节点相似度的 SCAN 算法，使用网络中两个个体共有的朋友在他们所有朋友中所占的比重来衡量个体间的相似度，利用此算法进行社团划分得到的社团结构中的成员更倾向于有共同的爱好或共同的朋友关系。Pathak 等（2008）提出了结合链接和内容信息的社团–作者–接受者–话题（community-author-recipient-topic，CART）模型。Zhou 等（2009）基于网络结构和节点属性提出一种统一随机游走距离测量节点间的相似度的 SA-Cluster 图聚类算法，通过自动学习结构和属性贡献度来不断调整结构和属性在节点相似度中的影响因子。林友芳等（2012）设计和实现了一种将个体和链接属性有效融合的 CIG_ESC 社团划分算法，该算法既适用于加权网络，也适用于无权网络，能够得到较高质量的社团结构。

此外，还有一些研究同时考虑了拓扑结构和内容信息，但是并未开展社团划分研究，例如 Cohn 和 Hofmann 提出了一种联合概率 PHITS-PLSA 模型，用于对论文集的内容和互连性进行建模（Cohn and Hofmann，2000），并证明了结合内容和链接关系能够更加有效地发现社团结构。PHITS-PLSA 模型结合了 PHITS 和 PLSA，其中 PHITS（probabilistic hypertext-induced topic selection）是将 PLSA 扩展到链接处理的声场模型。随后，更多研究者发现结合链接关系和内容信息能够更有效地发现社团结构。Hamedani 等提出了一种名为 SimCC 的新方法，该方法在计算出版物与出版物的相似度时既考虑引文又考虑内容（Hamedani et al.，2016）。

综合分析已有的引文网络社团划分方法发现，当前的算法大多基于原始网络，而引文网络建立在间接的、隐性的学术关系之上，由于引用动机的不同与引用时间的滞后，仅根据原始网络特征进行社团划分可能会出现偏差。

近年来，笔者团队提出了综合考虑节点内容与结构属性的加权引文网络社团划分方法，综合考虑节点结构与内容相似度对网络进行重构，开展多类型加权引文网络社团划分研究。本章所要解决的关键问题在于如何对实际引文网络进行重构，从而克服其时滞性与偶然性；另外，如何衡量两篇引文之间的关联程度，也是本章研究的关键点。

第二节　加权引文网络的社团

　　本节围绕加权引文网络的社团划分方法展开，对基于节点内容属性与拓扑结构的引文网络社团划分总体流程和各个模块进行了详细的设计与论述，并进行实证研究。通过前面章节对引文网络的社团划分相关理论的研究现状及研究方法的分析和论述，明确了本研究所要解决的问题和研究内容，即如何将引文网络中的内容属性与拓扑结构相结合，从而对引文网络进行社团划分。本研究提出的社团划分方法的具体步骤如下：首先，运用向量空间模型（vector space model，VSM）方法计算各论文之间的内容相似度；其次，基于论文的拓扑及结构与出版时间等属性对引文网络进行重构，创建扩展的引文网络；再次，在扩展的引文网络中对相邻论文之间的边赋权，构建加权引文网络；最后，利用复杂网络中的 Louvain 社团划分方法对引文网络进行社团划分，从而进一步总结与分析相关学科领域的研究现状。针对该方法模型，本节详细设计了该方法的总体流程以及各个模块的方法流程，包括数据准备模块、相似度计算模块、引文网络的重构模块、社团划分模块和评价模块。

一、引文网络社团划分的总体模型

　　鉴于传统引文网络具有时滞性、偶然性等特征，本研究综合考虑论文的内容、引文网络拓扑结构与出版时间等特征对引文网络进行重构，利用论文的内容相似度表征相邻引文之间的关联强度，将论文之间的内容属性以引文网络中的边权的形式引入引文网络中，并利用 Louvain 社团划分方法对引文网络进行社团划分。本研究所提出的引文网络社团划分方法的总体模型主要包含以下几个模块：数据准备模块、相似度计算模块、引文网络的重构模块、社团划分模块和评价模块（图 3-1）。

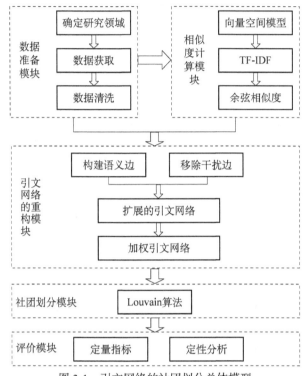

图 3-1 引文网络的社团划分总体模型

注：TF（term frequency，词频）；IDF（inverse document frequency，逆向文档频率）

1. 数据准备模块

数据准备模块是总方法流程的基础部分，这个模块的主要功能包括确定研究领域、数据获取、数据清洗以及构建所需的引文网络。数据的有效性和准确性是保证研究结果质量的基础与前提，因此，该模块的关键点在于研究数据的准确获取、数据的妥善清洗。准确获取研究数据的关键在于选定正确的关键词、制定正确的检索策略；数据妥善清洗的关键在于对数据集中元素缺失的数据进行剔除，并在构建引文网络时对孤立节点进行移除等。

2. 相似度计算模块

内容相似度的准确计算是本研究的基础，引文网络的重构与社团划分均在内容相似度的基础上进行。相对于其他文本，学术论文具有特有的比较清晰的结构，主要包括标题、作者、关键词、摘要、正文、参考文献六大部分。本研究在计算相似度的过程中，主要考虑语义上的相似性，而标题、关键词与摘要则概括了每篇文章的核心内容，因此，本研究在计算论文之间的内容相似度时，主要从标题、关键词与摘要中提取特征词项进行相似度计算。具体方法将在后文中进行详细阐述。

3. 引文网络的重构模块

引文网络的重构方法是本研究的重点与创新之处。由于引文网络是根据人为的引用关系构建的，存在一定的时滞性与偶然性，两篇内容极其相关的文章可能由于发表时间过于接近而无实际引用关系，同时，自引等偶然原因也会导致两篇毫不相关的文章存在引用关系。引文网络本身存在一定的缺陷，而当前对引文网络的社团划分大多基于原始的引文网络，并未考虑引文网络本身的不足。因此，本研究考虑引文网络自身的缺点，综合引文网络中节点的内容、拓扑结构与出版时间等属性，在原始引文网络中构建语义边、移除干扰边，从而改进原始引文网络的不足，为后续准确的社团划分打下坚实基础。另外，在引文网络中，以论文的内容相似度对边赋权，从而将内容属性以边权的形式引入引文网络中，使得传统引文网络具有一定的语义关系，有利于提高社团划分的准确性。引文网络的具体重构方法将在后文中进行详细阐述。

4. 社团划分模块

引文网络的社团划分模块主要根据当前复杂网络准确性较高且时间复杂度低的特点，运用经典的 Louvain 社团划分方法进行划分。正如前文所述，Louvain 社团划分方法是基于纽曼凝聚算法的改进算法，适用范围广且划分结果准确，适用于大规模网络的社团划分。

5. 评价模块

评价模块的主要功能是对实例分析结果的效果进行评价，分析该方法模型的优劣性，并提出进一步调整和改进的方法意见。根据上述步骤对引文网络进行划分，通过实例分析，对方法的有效性与准确性进行分析验证，并针对方法的不足之处提出调整和改进的意见。在本研究的实例评价过程中，主要从定量和定性两个角度对社团结构进行评价，具体评价指标将在后文中进行详细阐述。

二、引文相似度的计算

本研究利用文本相似度来衡量两篇文献之间的关联程度。两篇文献之间的相似度越高，其关联程度就越高；否则，其关联程度就越低。文本相似度计算是本研究社团划分算法的基础和关键。

向量空间模型是一种常用的相似度计算模型，在信息检索中应用最多。向量空间模型将文本内容的处理简化为向量运算，以空间距离表示文本相似度。在向量空间模型中，将文档看作由相互独立的词条组（T_1, T_2, T_3, $\cdots$, T_n）构成，根据词条对文档的重要程度对每一个词条 T_i 赋予权重 W_i，权重值（W_1, W_2, W_3, $\cdots$, W_n）是词条组在坐标系中对应的坐标值，这样由（T_1, T_2, T_3, $\cdots$, T_n）与（W_1, W_2, W_3, $\cdots$, W_n）相互分解所得到的正交词条矢量组就构成了一个文档向量空间。

在计算文本相似度时，首先需要进行词项提取。由于论文中的标题、关键词和摘要概括了该篇文献的主要内容，因此在本研究中，首先对论文集内的标题、关键词和摘要进行特征词提取，并剔除无实际意义的虚词。

在计算文本相似度时，还需要计算特征词对应的权值，常用的词汇权值计算方式有布尔（Boolean）权重算法和 TF-IDF 算法。相对于布尔权重算法，TF-IDF 算法在计算词条权值的过程中考虑了词频（TF）和逆向文档频率（IDF）对权重的影响，更能反映词条对文本的代表能力，在一定程度上提高了文本相似度的精确性。TF-IDF 包括 TF 和 IDF 两个部分，TF 即词项 t 在科技文献中出现的次数；IDF 反映特征词条在总文档集合中的分布情况。TF-IDF 权重值由两个部分的乘积得到，如式（3-1）所示：

$$W(t) = \mathrm{TF}(t) \times \mathrm{IDF}(t) \tag{3-1}$$

研究表明，不同位置的词项的重要性具有较大差异，而 TF-IDF 算法未考虑词项在科技文献中的位置特征，因此本研究对 TF-IDF 算法做了相应改进。考虑到论文中的关键词与题目中的各个词项是对该文主题内容的高度精练，相对摘要文档中的词项应给予更高权重，因此本研究根据词项所处的不同位置对该词项进行加权处理：词项出现在关键词中赋予 2.5 的权重，词项出现在标题中赋予 1.5 的权重，词项出现在摘要中赋予 1.0 的权重。

将文本转化成向量，并对向量中的每一维求得权值后，便可以利用文本的特征向量来求文本之间的相似度。本研究利用向量夹角余弦相似度的方法来计算文本的相似程度。

三、引文网络的重构

（一）引文网络的构建

在数据集中，每篇文献都具有 DOI（数字对象唯一标识符）字段和 CR（参考文献）字段，CR 字段中包含该参考文献的 DOI，将参考文献中的 DOI 列表与数据集中其他文献的 DOI 进行匹配，即可确定两篇文献之间的引用关系。将引文网络表示为一个由有限非空节点集以及边集所构成的整体，P 代表文献集合，L 则代表文献引用关系集合。对于文献 i 与文献 j，若 i 中的 CR 字段包含 j 所对应的 DOI 字段，则文献 i 引用文献 j，i 为引用文献（施引文献），j 为被引文献，i 到 j 的关系称为引用关系（施引关系），j 到 i 的关系称为被引关系；若文献 j 到 k 之间也存在引用关系，则文献 i 与 k 之间存在间接引用关系。

通常情况下，文献引用具有方向性和时滞性，即通常是先发表文献被后发表文献引用，因此理论上引文网络中不存在回路。在本研究中，由于引文之间的方向性对社团划分的影响较小，且未考虑知识流动与演化等特征，因此本研究将引文网络简化为无向网络。

将论文之间的引用关系映射为网络中的边，论文映射为网络中的节点，则产生引用关系图，即引文网络。一篇论文可能会有多个引用关系，但是这些被引用的论文对于这篇文献的重要性并非完全相同，而是有区别的。有的被引用文献与引用文献间的关系十分密切，而有的关系不是特别密切。这种不同便体现在引用关系图中边权重的不同，对于不同的解决方案和应用场景，边的权重的定义各不相同，本研究中的引用关系图的权重主要体现在文献之间的内容相似度上，由节点之间的内容属性决定。

（二）引文网络的重构模型

在引文网络中，若文献 i 引用文献 j，则通常情况下文献 j 的发表时间早于文献 i，也就是说引文网络具有时滞性。结合图 3-2，图中文献 D 与文献 H 同时引用文献 G，且同时被文献 E 所引用，由于其具有相同的参考文献，且同时被某篇文献引用，则可以推测文献 D 与文献 H 的关联程度较高，但由于文献 D 与文献 H 的出版时间过于接近，几乎同时出版，导致在实际引文中文献 D 与文献 H 并无引用关系。而在对网络进行社团划分时，主要根据引文网络中的链接关系进行划分，因此可能会对社团划分结果造成偏差。同时，在图 3-2

中，文献 A 引用文献 C，但可能文献 A 只是对文献 C 中的某些方法进行论证，或是以反例形式进行推理，实际上，文献 A 与文献 C 的关联程度较低，但由于文献 A 与文献 C 之间存在链接关系，因此在进行社团划分时，极有可能将其划分为同一社团。

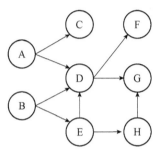

图 3-2   引文网络示意图

结合以上分析，由于引文网络为人为构建的网络，存在一定的偶然性，因此可能存在以下两种情况：一是，两篇文章相关性极高，但由于出版时间过于接近，导致其无实际引用关系；二是，两篇文献存在实际引用关系，但实际上只是对引文方法的借鉴或以反例形式举例，实际上两篇文献内容并不相关。以上两种情况均会对划分结果造成干扰。因此，针对上述两种情况，本研究提出对网络进行重构的方法，确定相应规则，在引文网络中构建语义边，去除干扰边。

对于引文网络 P，i 与 j 为网络中的节点，若 i 与 j 存在实际引用关系，则记 $\mathrm{Cit}(i,j)=1$，否则 $\mathrm{Cit}(i,j)=0$。原始引文网络中的节点 i、j 的最短距离记为 $d(i,j)$，若 $d(i,j)=2$，则 i、j 之间无直接引用关系，但 i、j 存在共引、耦合或间接引用情况。

根据以上描述，对于引文网络 P，网络中节点 i、j 的语义链计算方式如式（3-2）与式（3-3）所示。

若 $\mathrm{Cit}(i,j)=0$，则

$$L(i,j)=\begin{cases}1 & y(i,j)=0, d(i,j)=2，且 \mathrm{Sim}(i,j)>a \\ 0 & \text{其他}\end{cases} \qquad (3\text{-}2)$$

若 $\mathrm{Cit}(i,j)=1$，则

$$L(i,j)=\begin{cases}0 & d(i,j)>2，且 \mathrm{Sim}(i,j)<b \\ 1 & \text{其他}\end{cases} \qquad (3\text{-}3)$$

$y(i,j)$表示文献 i、j 的出版间隔年，$d(i,j)$表示节点 i、j 在实际引文网络中的最短距离，$\text{Sim}(i,j)$表示节点 i、j 之间的文本相似度，a 与 b 分别为构建语义边以及移除干扰边的阈值。在本研究中，取 a 为引文网络中所有节点相似度值最高的 10%的阈值，b 则指引文网络中相邻节点间相似度最低的 10%的阈值。

根据式（3-2），对引文网络中同年出版，存在共引、耦合或间接引用关系且相似度位于最高的前 10%的节点构建语义边；根据式（3-3），将引文网络中相似度位于最低的前 10%且实际无任何共引或耦合关系的节点链接关系移除，从而降低干扰边对社团划分的影响。

在改进的引文网络的基础上，以相邻节点间的相似度作为网络链接的权重，构建加权引文网络，最终创建本研究中改进的加权引文网络，并在此基础上进行社团划分。$W(i,j)$为节点 i、j 之间的边权，$\text{Sim}(i,j)$为节点 i、j 之间的相似度，若 $L(i,j)=1$，则边权值等于相似度值，如式（3-4）所示。

$$W(i,j)=\text{Sim}(i,j) \tag{3-4}$$

引文网络重构模型流程如图 3-3 所示。

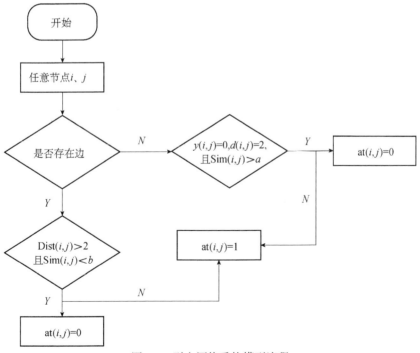

图 3-3　引文网络重构模型流程

四、社团划分结果评估

评估社团划分准确性的方式大致可以分为监督方法与非监督方法两种。

（一）监督方法

在已知各节点的社团结构的情况下，可使用监督方法对社团划分的准确性进行评价。Jaccard 系数（Danon et al.，2005）是衡量社团划分准确性的重要指标，它能反映社团内部准确节点的数量，其计算如式（3-5）所示。

$$\text{Jaccard}\left(S_1, S_2\right) = \frac{\left|S_1 \cap S_2\right|}{\left|S_1 \cup S_2\right|} \qquad (3\text{-}5)$$

其中，S_1 是实际划分结果中的节点集合，S_2 为社团划分的节点集合，$0 \leqslant \text{Jaccard}(S_1, S_2) \leqslant 1$，Jaccard 系数越接近 1，说明划分越准确。

（二）非监督方法

在只利用数据集本身的特征条件下，对社团评估的方法称为非监督方法。当前对社团结构的非监督评价中，最常用的为 Q 函数，其原理是从引文网络的拓扑结构角度对划分结果进行评价。为充分论证本研究中的社团划分方法的准确性，引入凝聚度指标（Tan et al.，2005）从文本内容的角度对聚类结果进行评价。

凝聚度用来评估文献与中心向量之间的距离，常用于衡量聚类效果，其计算公式如下：

$$J = \sum_{i=1}^{K} \sum_{j=1}^{m_i} \text{Sim}\left(\overrightarrow{d_j}, \overrightarrow{c_i}\right) \qquad (3\text{-}6)$$

式中，K 为社团的总数目；m_i 是社团 i 中的节点总数；$\overrightarrow{d_j}$ 为社团 i 中的第 j 个成员；$\text{Sim}\left(\overrightarrow{d_j}, \overrightarrow{c_i}\right)$ 为文本 $\overrightarrow{d_j}$ 与文本 $\overrightarrow{c_i}$ 的相似度；$\overrightarrow{c_i}$ 为社团 i 的中心向量，$\overrightarrow{c_i}$ 可以通过下列公式计算得到：

$$\overrightarrow{c_i} = \frac{1}{m_i} \sum_{j=1}^{m_i} \overrightarrow{d_j} \qquad (3\text{-}7)$$

从凝聚度的定义可以看出，凝聚度度量了每个社团内的向量与其中心向量之间的相似度，若凝聚度的值越大，则社团内各向量之间的相似度越高，社团划分的准确性也越高。

五、实验结果与分析

作为研究的实证分析部分，首先选取期刊《科学计量学》的相关数据进行分析，以此作为训练集验证本研究提出的方法的科学性及准确性；其次选择合成生物学领域的文章作为进一步的实证研究对象，利用本研究所提出的方法探寻合成生物学领域的研究热点，并以传统关键词共现聚类方法得到的结果进行分析和比较，从而对本研究提出的方法的优点与不足做进一步探讨。其中，在《科学计量学》数据的实证分析工作中，对实证分析的步骤进行了详细的介绍，并对分析结果进行分析和讨论，包括数据收集、文本向量化、相似度计算以及实验结果呈现等。在合成生物学数据的实证分析工作中，重点讨论学术热点和实证分析结果，略去了每步中间步骤计算的详细结果。

（一）基于《科学计量学》论文的社团划分实证研究

1. 研究对象介绍

为证明本研究提出的结合节点内容及网络链接关系的引文网络社团划分方法的科学性与适用性，本研究以 Web of Science 为来源数据库，下载 Web of Science 中收录的期刊《科学计量学》自创刊以来的所有文献，共计 4417 篇。为便于结果呈现与分析，在 4417 篇文献所构成的引文网络中，提取出网络中心性最高的 188 篇文献，对其构成的网络进行社团划分。数据检索与分析时间为 2016 年。具体数据描述如表 3-1 所示。

表 3-1 《科学计量学》论文数据描述

主题描述	《科学计量学》创刊于 1978 年，是科学计量学研究与发展领域的前沿期刊
数据源	Web of Science
检索式	SO=（scientometrics），时间跨度=所有年份
论文数	4417 篇
数据预处理	提取网络中心性最高的 188 篇文献进行分析

为综合比较基于节点内容及拓扑结构的社团划分方法的准确性，本研究分别对原始网络加权前后〔分别记为原始网络（Baseline）与赋权的原始网络（Base_weight）〕、仅构建语义边网络加权前后〔分别记为构建语义边网络（addline）与赋权的构建语义边网络（add_weight）〕、仅去除干扰网络加权前后〔分别记为移除干扰边（moveline）与赋权的移除干扰边网络（move_ weight）]以及最终的重构引文网络加权前后[分别记为重构网络（imprline）与赋权的重构网络（impr_weight）]进行了对比实验。

实验之前，对 188 篇文献进行手动分类，得到 5 个社团，每个社团的主题、文献数量与高频关键词如表 3-2 所示。

表 3-2　社团主题分析

社团	主题	文献数量/篇	高频关键词
1	专利分析研究	39	patent citation（专利引证）；patent mining（专利挖掘）
2	科研合作研究	64	scientific collaboration（科研合作）；collaboration network（合著网络）
3	科研评价研究	36	research evaluation（科研评价）；h-index（h 指数）
4	大学评价研究	13	ARWU（软科世界大学学术排名）；ranking of universities（大学排名）
5	知识图谱研究	36	mapping of science（科学知识图谱）

2. 文本相似度计算

首先对文献集合中的文本相似度进行计算。文本数据主要包括文献的标题、关键词和摘要，为了减少作者用词和表达常用词等对文本数据造成的影响，事先对文本进行分词、词项小写化、去停用词、词干提取等处理，并对每篇文献内的特征词权重进行计算，用一维权重向量表示文献。词干提取的部分结果如表 3-3 所示。每篇文献选择 TF-IDF 值最高的前 25 个词项所构成的向量作为该文献的特征向量，部分结果如表 3-4 所示。计算特征向量之间的余弦相似度值作为引文之间的相似度，所得到的文本相似度值的分布如图 3-4 所示。

表 3-3　词干还原结果（部分）

	候选词集	词干
Case1	stabilized, stabilizing, stability	stabil
Case2	bibliometrically, bibliometric(s), bibliometrical	bibliometr
Case3	connected, connects, connectivity, connection	connect

表 3-4　文本向量结果（部分）

	文献	向量
Case1	A unique transformation from ordinary differential equations to reaction networks	1.27 1.22 1.22 1.04 0.94 0.82 0.82 0.60 0.59 0.59 0.58 0.55 0.54 0.54 0.51 0.49 0.49 0.47 0.47 0.45 0.43 0.43 0.43 0.42 0.42

续表

文献		向量
Case2	A synthetic genetic circuit whose signal-response curve is temperature-tunable from band-detection to sigmoidal behaviour	1.59 1.42 1.15 1.03 0.96 0.95 0.93 0.75 0.69 0.68 0.64 0.58 0.53 0.51 0.49 0.49 0.48 0.41 0.39 0.38 0.38 0.37 0.37 0.37 0.36
Case3	From cells to organisms: current topics in mathematical and theoretical biology	1.01 0.99 0.93 0.93 0.93 0.65 0.53 0.52 0.48 0.45 0.45 0.41 0.37 0.36 0.35 0.34 0.34 0.29 0.35 0.24 0.23 0.22 0.21 0.18 0.15

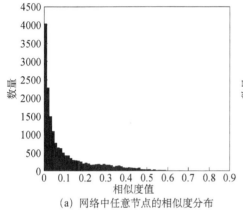

(a) 网络中任意节点的相似度分布

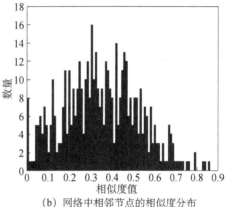

(b) 网络中相邻节点的相似度分布

图 3-4　相似度分布情况

　　为验证本研究社团划分方法的科学有效性，本研究对网络中任意节点之间的相似度以及相邻节点的相似度进行计算，并对结果进行比较。图 3-4 中横坐标表示节点文本相似度值，纵坐标表示对应该相似度的节点对数。图 3-4（a）反映了 188 个节点中任意节点对的相似度分布情况，图 3-4（b）反映了 188 个节点所构成的引文网络中相邻节点对的相似度分布。对比图 3-4（a）和图 3-4（b）可知，当不关注两节点之间是否有连边时，节点相似度分布基本上符合齐普夫定律（Zipf's Law），即内容十分相似的节点比例非常小，而相似度低的节点的比例非常高。相比任意节点相似度分布，相邻节点对相似度总体呈正态分布，且相似度值明显较高，大部分集中于 0.3～0.5 区间内。相似度分布曲线验证了前文提出的想法，即在引文网络中，文献引用的往往是与其紧密相关的文献，相邻文献存在一定的内容相关性，因此，综合考虑节点的内容及拓扑结构属性进行社团划分具有一定的理论依据。

3. 引文网络的重构

　　在对 188 个节点构成的引文网络进行重构的过程中，原始网络中存在 188

个节点和 521 条边，根据式（3-2）与式（3-3）对网络进行重构，构建 31 条语义边，移除 35 条干扰边，最终重构的网络中剩余 517 条边，具体网络描述如表 3-5 所示。

表 3-5　引文网络的描述

	原始网络	构建语义边网络	移除干扰边网络	重构网络
节点数/个	188	188	188	188
边数/边	521	552	486	517

对引文网络进行重构以后，网络聚集系数也有所增加，说明对引文网络进行重构后，网络中的节点分布更加集中，有利于进行社团划分。

4. 基于节点内容及拓扑结构的引文网络的社团划分

利用 Louvain 社团划分方法将引文网络及其重构网络分别划分为 5 个社团，得到基于社团划分结果的 Jaccard 系数值、Q 函数值以及凝聚度值（表 3-6）。

表 3-6　社团划分结果比较

	原始网络	赋权的原始网络	构建语义边网络	赋权的构建语义边网络	移除干扰边网络	赋权的移除干扰边网络	重构网络	赋权的重构网络
Jaccard 系数	0.739	0.745	0.723	0.755	0.729	0.739	0.743	0.777
Q 函数	0.707	0.699	0.664	0.703	0.685	0.710	0.695	0.710
凝聚度	91.34	91.64	91.31	91.98	91.76	91.92	91.56	93.24

Q 函数值与 Jaccard 系数值越接近 1，则划分效果越好。根据表 3-6，对重构的加权引文网络进行社团划分，其 Jaccard 系数值以及凝聚度值均远远高于其他实验结果。对于 Q 函数值，赋权的重构网络与赋权的构建语义边网络的 Q 函数值皆为最高（0.710），从 Q 函数值来看，其相对于原始网络增幅较小，但由于本研究中对引文网络进行变形处理，Q 函数值基于不同网络，总体标准不同，但总体来看 Q 函数值仍有上升，说明该条件下划分的网络呈现明显的聚类与稀疏关系，社团划分结果较好。

对原始网络社团结构与改进的加权网络社团结构对比分析，如图 3-5 所示，图 3-5（a）代表原始网络社团结构，图 3-5（b）代表改进的加权网络社团结构。图中圆圈代表文献，圆圈中的编号代表论文的编号，每种颜色代表一种社团。从图 3-5（a）和图 3-5（b）可以看出，改进后的引文网络的社团结构更

· 36 ·

加紧密，社团间的链接相对稀疏，社团之间的区分更加明显。

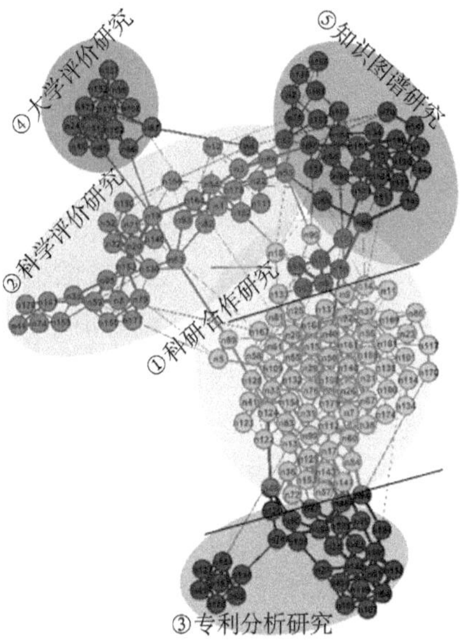

(a) 原始网络社团结构 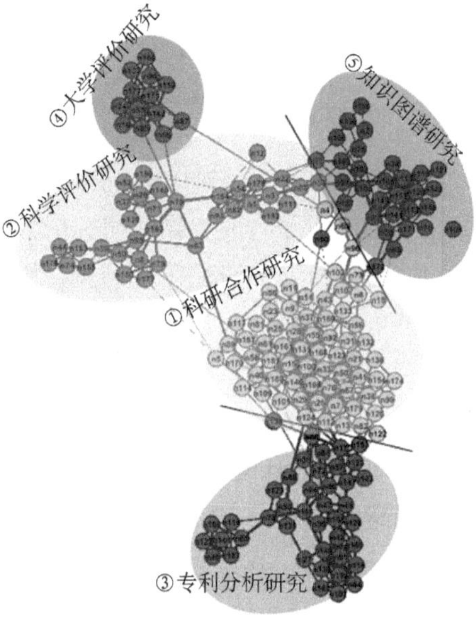　　　　　　　(b) 赋权的重构网络社团结构

图 3-5　社团结构对比（文后附彩图）

综合比较各个评价指标可以看出：一是，相对于非加权网络，加权后的网络社团划分性能更好；二是，对网络进行重构并加权以后进行社团划分，网络结构更加明晰，划分边界更加明显，且各项评价指标最优，划分效果最好。由此可以看出，对引文网络进行改进与重构，有利于提高社团划分的精准性。

（二）合成生物学研究热点分析实验

为了进一步分析本研究提出的社团划分方法的科学有效性，利用本研究的社团划分方法探寻合成生物学研究热点，可以为科研工作者在科研工作中提供选题、研究方向等帮助。同时，本研究提出的方法可以准确地分析学科结构，描述知识发展，有助于进一步服务于国家的学科方向选择和创新主体选择等。

1. 合成生物学概述

合成生物学是一门交叉学科，涵盖分子生物学、工程学、数学、化学、物理学等，它借鉴工程化的思想开展生命科学研究，目标是创造人造生命体。合成生物学基本上包括两条路线：一是新的生物零件、组件和系统的设计与建造；二是对现有的、天然的生物系统的重新设计。从该定义可以看出，合成生物学是按照一定的规律以及已有的知识，通过设计来构造新的基因组合方式或者改造自然存在的基因，从而达到控制基因表达的一门新兴学科。

2. 数据准备

研究选取汤森路透（Thomson Reuters）公司的 Web of Science 数据库作为数据来源。由于合成生物学研究的涉及面非常广泛，且近几年发展较快，目前并没有建立成熟的研究体系结构，因此用单独某个主题来检索可能会造成检索结果的极大偏差。通过对合成生物学研究文献、科研活动的系统调研和梳理，明确当前合成生物学的研究重点（如最小生命体的研究、合成元件的开发、最小基因组的研究、生物基因路线图等），根据这些研究方向常用的关键词确定该领域可能形成的应用研究，由此来检索该领域所发表的文章。采用下面的检索策略检索 2006～2015 年以英文发表的论文：

#1 TS=("Saccharomyces cerevisiae" or *E.coli* or "*Escherichia coli*" or yeast or cyanobacteria or "Bacillus subtilis")

#2 TS=(artemisinin or "amorpha-4,11-diene" or Cephalexin or phiX174 or "poliovirus genome" or "mycoplasma mycoides" or "Mycoplasma mycoides" or isobutanol or butanol or "1-butanol" or "2-methy-1-butanol" or "3-methy-1-butanol" or "n-butanol" or "2-phenylethanol" or isobutyraldehyde or alkanes or alkanes or "succinic acid" or "Adipic acid" or "peptide antibiotics" or biosensor or UTIs or "Artificial enzyme*" or Aspirin or biosensor or "synthetic amino acids" or "biomarkers detection" or Biohydrogen or "PCC 6803" or ZFNs or TALENs or "CRISPR/Cas systems" or NGS or "23S rRNA" or "Antimicrobial peptides" or "fatty acid ethyl esters" or FAEE or microRNA or "gut microbiota" or "Polylactic acid" or "Tyrosine kinase" or protocells or "repressilator" or "toggle switch" or "logical gate*" or "gene knock out" or "gene knockout*" or "de novo synthesis" or "synthetic enzyme" or "transcription regulation" or "gene circuit" or "genetic circuit*" "genetic device*" or "synthetic life" or "synthetic tissue*" or "synthetic cell*" or "artificial system*" or "essential gene*" or "synthetic system*")

组配检索式#1和#2：#1 and #2。

根据上述检索策略，共检索到相关文献 15 430 篇，图 3-6 反映了合成生物学文献的发表年份分布情况，从图中可以看出，2006～2015 年，合成生物学领域的发文量呈现快速增长的态势。对 15 430 篇文献进行数据预处理（剔除无摘要、无关键词的文献，去除在此文献集内无引用关系的孤立节点），清洗完成后，共获得 6603 篇文献，对 6603 篇文献所组成的引文网络进行分析，结果如表 3-7 所示。

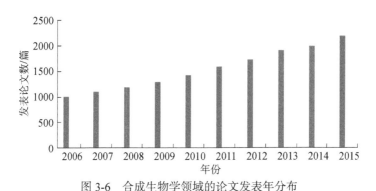

图 3-6　合成生物学领域的论文发表年分布

表 3-7　合成生物学热点分析实验数据

主题描述	合成生物学
数据源	Web of Science
论文数	15 430 篇
预处理	剔除无摘要、无关键词的文献以及在此文献集内无引用关系的孤立节点，剩余 6603 篇

3. 基于关键词共现聚类的热点分析

为了明确合成生物学的研究热点，本研究对文献集内的关键词进行分析，构建关键词共现矩阵，并利用 Bibexcel 软件及 UCINET 网络分析软件进行聚类分析，得到聚类结果树状图如图 3-7 所示。

经过比较分析，确定最终的聚类结果为 5 个大类，根据其涵盖的高频关键词赋予每类概括性的名称或含义，如表 3-8 所示。

（1）酿酒酵母或酵母菌的基因合成、表达与转录。主要通过对菌种本身的研究，探究某些重要基因功能的实现，为后续的应用研究打下基础。

（2）生物医药。主要是如何利用合成生物学技术高效地生产药物，如合成抗生素、糖尿病的治疗药物、疟疾的治疗药物青蒿酸、肺动脉高压的治疗药物等。

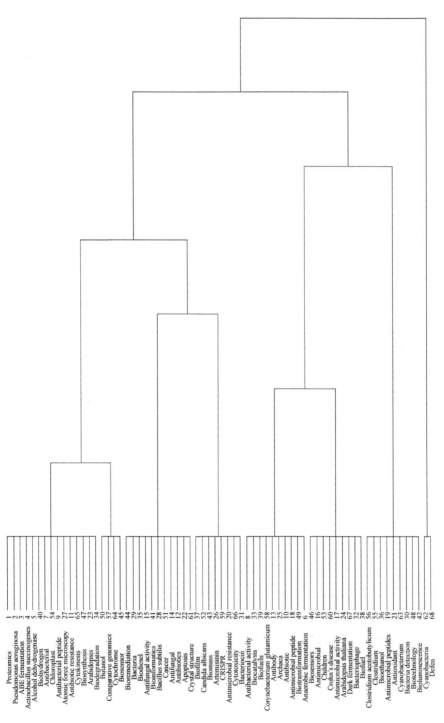

图 3-7　关键词共现网络聚类树状图

表 3-8 合成生物学聚类主题表

类别	主题	高频关键词
1	酿酒酵母或酵母菌的基因合成、表达与转录	saccharomyces cerevisiae, yeast, gene-expression, crystal-structure
2	生物医药	antimicrobial peptides, innate immunity, pseudomonas-aeruginosa
3	生物传感器	biosensor, sensor, surface-plasmon resonance
4	生物标志物检测	bacteria, bacillus-subtilis, resistance, antibacterial activity
5	生物能源	metabolic engineering, biohydrogen, biofuel, synthetic biology

（3）生物传感器。将合成生物学与生物传感器相结合，提高生物传感器的灵敏性、检测范围等，如通过最小基因组的研究减少背景的噪声、提高微生物传感器的选择性；利用合成生物学技术合成更加特异和有效的生物部件，提高微生物传感器的灵敏性等。

（4）生物标志物检测。利用合成生物学技术通过检测某种生物标志物的含量，进行医学诊断，如癌细胞扩散的检测，也可以用于检测新药在治疗疾病过程中的药效。

（5）生物能源。主要是利用合成生物学技术实现绿色能源的生产，将合成生物学用于乙醇、生物柴油等生物燃料与植物燃料产品的研发，如藻类生物能源、生物柴油、纤维素乙醇、生物丁醇等。

4. 基于引文网络的社团划分方法的合成生物学热点分析

合成生物学社团划分过程与《科学计量学》文献实验过程相似，包括相似度计算、引文网络的重构以及社团划分结果分析等。

（1）相似度计算。对合成生物学文献集合中任意两节点之间的相似度进行计算，得到其相似度分布图如图 3-8（a）所示；其引文网络中相邻节点的相似度分布如图 3-8（b）所示。

从图 3-8 中可以看出，合成生物学任意节点的相似度主要集中于 0～0.2，而相邻节点的相似度主要集中于 0.2～0.5。选取相似度值位于前 10%的节点，分析其结构特征，构建虚拟网络，对于存在共引、耦合或共被引关系的节点构建虚拟边。分析存在引用关系节点的相似度分布，选取相似度值位于后 10%的节点，若无共引、耦合或共被引关系，则将断开其链接。

（2）引文网络的重构。对于本研究中 15 430 篇文献构成的原始引文网络，

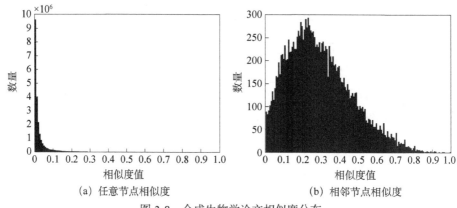

图 3-8　合成生物学论文相似度分布

剔除无摘要、无关键词的文献以及在此文献集内无引用关系的孤立节点，剩余 6603 个节点，共计 16 905 条边，对引文网络进行重构后，构建 1778 条语义边，移除 928 条干扰边，最终网络中包含 17 755 条边，网络描述如表 3-9 所示。

表 3-9　引文网络的描述

	原始网络	重构网络
节点数/个	6 603	6 603
边数/条	16 905	17 755
聚集系数	0.214	0.273

（3）社团划分结果分析。利用 Louvain 社团划分方法对重构的引文网络进行社团划分，将引文网络划分为 11 个社团，对每个社团进行高频关键词提取，根据社团内关键词共现网络，总结每个社团主题，每个社团内包含的文献数量、主题和高频关键词如表 3-10 所示，社团内文献时间分布情况如表 3-11 和图 3-9 所示。

表 3-10　社团主题分布

序号	文献数量/篇	主题	高频关键词
1	1107	医学免疫	antimicrobial peptide, innate immunity, antimicrobial activity
2	1016	生物传感器	biosensor, *Escherichia coli*
3	892	细菌的转录、表达	*Cyanobacteria*, *Synechocystis*, photosynthesis
4	728	生物燃料	metabolic engineering, butanol, biofuel, synthetic biology
5	547	代谢工程	*Escherichia-coli*, metabolic engineering, biohydrogen

续表

序号	文献数量/篇	主题	高频关键词
6	286	生物医药	urinary tract infection, *Escherichia-coli*, antibiotic resistance
7	256	琥珀酸	succinic acid, *Escherichia-coli*, metabolic engineering
8	182	酿酒酵母的基因合成、表达与转录等	2-phenylethanol, saccharomyces cerevisiae wine, fermentation, volatile compounds
9	148	胃肠疾病	microbiota, probiotics, gut microbiota, crohn's disease
10	141	青蒿素生物合成	artemisinin, Artemisia annua, sesquiterpene
11	131	合成生物学概述	synthetic biology, gene regulation

表 3-11　社团内文献时间分布表

社团序号	文献数量/篇										
	2006 年	2007 年	2008 年	2009 年	2010 年	2011 年	2012 年	2013 年	2014 年	2015 年	合计
1	61	64	102	102	98	113	132	129	159	141	1101
2	55	93	97	103	94	108	103	116	104	139	1012
3	54	66	66	75	58	85	108	122	120	135	889
4	10	21	27	23	57	57	92	123	133	184	727
5	24	33	28	42	63	67	76	77	60	77	547
6	16	15	23	19	23	32	25	39	39	54	285
7	11	12	18	17	28	24	25	40	39	42	256
8	6	7	12	13	17	18	12	27	30	40	182
9	6	4	2	7	8	19	16	25	27	34	148
10	13	11	10	8	10	16	14	18	21	20	141
11	6	12	13	11	10	11	21	16	12	17	129

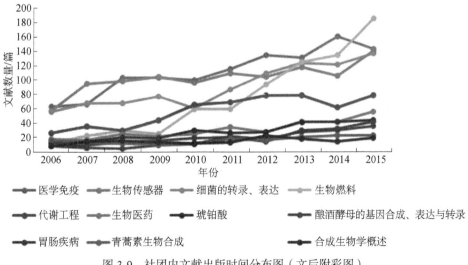

图 3-9　社团内文献出版时间分布图（文后附彩图）

综上分析可见，当前有关合成生物学各个主题的研究成果总体呈逐年上升趋势，尤其是 2008 年以后，各子领域的发展逐渐加快。总体来看，医学免疫、生物医药等有关医学方面的研究最多，且呈逐年增多的趋势；有关生物燃料的相关研究增长最快，为近年来的研究热点；有关细菌的转录、表达的相关研究也呈逐年上升趋势；有关生物传感器的相关研究成果也稳步上升。

5. 实验结果比较与讨论

在对合成生物学研究热点的内容分析实验中，本研究运用关键词共现的方法和本研究提出的基于节点内容属性与拓扑结构的引文网络社团划分两种方法对问题进行分析，下面将从热点问题内容分析结果、热点主题粒度分析、基于时间维度的分析三个方面比较上述两种方法在解决问题过程中和结果的优缺点。

（1）热点问题内容分析结果。本节运用关键词共现的聚类方法，将合成生物学文献划分为 5 个子群，研究主题分别为：酿酒酵母的基因合成、表达与转录，生物医药，生物传感器，生物标志物检测，生物能源。而基于本小节采用的社团划分方法将文献集划分为 11 个社团。从主题划分结果来看，两种方法存在较大差异，但研究主题存在部分重合，对研究主题进一步分析可以发现，运用社团划分方法实际上是对关键词共现聚类方法得到的主题进一步细分，两种方法各有利弊，但总体来讲，关键词共现方法得到的主题过于粗略，不利于后续研究。

（2）热点主题粒度分析。由表 3-10 可以看出，在运用社团划分方法进行热点分析时，将论文集划分为 11 个社团，其中有 4 个社团是有关生物医药的应用研究，分别是医学免疫、生物医药、胃肠疾病和青蒿素生物合成；2 个社团是有关生物能源研究，分别是生物燃料和代谢工程。从数据选取的角度考虑，本研究提出的基于节点内容属性与拓扑结构的引文网络社团划分方法，综合标题、摘要、关键词等多项信息，选词远大于文献集内的关键词表，尤其是在文献数量较少的时候，对文献主题划分粒度比基于关键词共现方法更加广阔。

（3）基于时间维度的分析。利用关键词共现方法结合时间维度进行讨论时，由于在建立共现矩阵的过程中，为了结果的可读性，对关键词节点进行了筛选，使得关键词与文献之间的联系基本消失，而时间维度是在文献层面进行讨论的，因此基于关键词共现方法进行主题提取结果时间信息保留较差，对应的内容分析结果不清晰。社团划分方法则始终保持主题与文献的连接关系，对时间维度的分析较为方便。

六、小结

通过对国内外已有研究的系统梳理，基于相关理论，本章提出综合考虑基于节点内容属性与拓扑结构的引文网络社团划分方法。首先，运用向量空间模型方法计算各论文之间的内容相似度；其次，基于论文的拓扑结构以及出版时间等属性对引文网络进行重构，构建扩展的引文网络；再次，在扩展的引文网络中对相邻论文之间的边赋权，构建加权引文网络；最后，利用复杂网络中Louvain社团划分方法对引文网络进行社团划分，从而对相关学科领域研究现状做进一步总结与分析。根据本章所涉及的社团划分的方法模型，下一章将进行实证研究。

在实证研究部分，一是选取《科学计量学》数据进行分析，并对原始网络加权前后、仅构建语义边网络、仅去除干扰边网络以及扩展的加权引文网络进行对比分析，通过利用 Jaccard 系数、Q 函数值、凝聚度值定量比较分析以及对社团分布的定性研究可以看出，对引文网络进行重构且引入内容相似度作为边权的引文网络进行社团划分，划分结果最好；二是选择合成生物学领域的文章作为进一步的实证研究对象，利用本研究所提出的方法探寻合成生物学领域的研究热点，并与传统关键词共现聚类方法得到的结果进行分析和比较，经过对比分析发现，利用本研究的社团划分方法对合成生物学引文网络进行划分，其获得聚类子群相较于关键词共现聚类方法的细分程度更高，且可引入时间节点对网络子群进行分析。

第三节　基于引文网络的科研范式研究

范式（paradigm）是指那些公认的科学成就，在一段时间内为科学共同体提供典型的问题和解答（托马斯·库恩，2012）。本节中所说的科研范式是一种狭义的范式概念，是指科研机构开展科学研究的学科结构以及研究人员开展科学研究的行为特征，是区分不同机构或不同类型机构研究特征的一种参考。

在过去数十年间，引文分析在图书情报研究领域得以广泛应用和发展，随着社会网络分析和复杂网络分析方法的广泛应用，引文网络分析的内涵和方法也得以不断丰富与拓展，特别是近年来国内外基于引文网络社团的研究工作日益增加（尹丽春和刘泽渊，2006）。例如，Boyack 等基于论文的引用关系，构建了 ISI-WoS 数据库的 212 个学科间的引用关系，以可视化的形式呈现了科学的骨架结构（Boyack et al.，2005）。

开展科研单元的科研范式研究对了解科研单元的研究特色、学科布局、历史传承与演化、核心科研成果、团队结构与关键人才等具有重要意义，可为国家层面或高校与科研院所层面布局科研单元提供科学依据，也可以为科研单元的分类管理与评价、人才引进、研究方向优化等提供指导性建议。因此，比较我国科研单元与国外同类优秀科研单元科研范式的异同，可为我国科研单元的建设和发展，特别是建成高水平科研单元提供参考建议。

鉴于此，本节基于引文网络和科学家合作网络的结构来研究科研单元的科研范式，不仅具有实际应用价值，而且对引文网络和科学家合作网络社团研究本身也是一种拓展。

一、引文网络用于科研范式研究的相关工作

引文网络用于科研范式研究是科学计量学领域的研究热点之一，近年来取得了大量的学术成果，主要研究目标集中于揭示特定领域的学科结构和关联情况。例如，Wanjantuk 和 Keane（2004）等利用引文网络内拓扑结构的特征对引文网络进行聚类，并对科技文献主题进行了分析。Kajikawa 等（2008）利用引文网络 FN 社团划分方法有效地追踪了能源领域的两大新兴研究主题——燃料电池和太阳能电池。Chen 和 Redner（2010）利用引文网络中的社团划分方法对物理学科领域的学科结构及研究进展进行了分析，得到该学科领域的知识结构和发展历程。Börner 等在 2012 年对全球科学地图的数据由 5 年（2001～2005 年）升级到 10 年（2001～2010 年），与过去基于论文层面的引文数据相比，升级后的全球科学地图更能反映期刊簇的特征，减少了同一期刊被划分到多个类别中的比例，提高了准确性，更易于理解。全球科学地图作为一个参照系统，可用来描绘科研人员的学术生涯，跟踪科学研究的新兴前沿方向，理解国家或机构的优势学科领域（Börner et al.，2012）。吕鹏辉和张士靖对科学引文网络的演进路径和节点中心度展开分析，描绘出图书馆与情报学领域的历史发展轮廓（吕鹏辉和张士靖，2014）。毕崇武等采用多种指标与方法，对引文网络知识节点的知识流动能力及角色、知识群落的知识流动类型及结构、整体网络的知识流动分布特征及结构特征进行深度刻画和剖析（毕崇武等，

2022）。Yu 和 Pan 等使用主路径分析的引文网络技术，依据相关论文之间的引用在知识传播中的作用来研究优劣解距离法（technique for order preference by similarity to an ideal solution，TOPSIS）领域的知识结构（Yu and Pan，2021）。

二、基于引文网络社团划分的科研范式

本部分以美国和英国量子信息领域的两家国际领先科研单元作为实证分析对象，利用 CitNetExplorer 软件（van Eck and Waltman，2014）划分各科研单元论文的引文网络的社团对各自的科研范式进行划分，以揭示两家科研单元科研范式的异同，分别如图 3-10 和图 3-11 所示。数据下载和分析时间为 2015年 3 月。

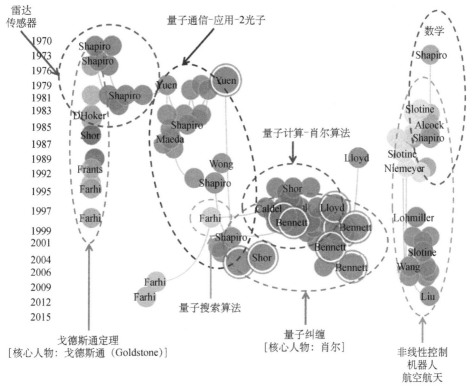

图 3-10　基于机构本身论文引文网络的科研范式解析——MIT-QIT（文后附彩图）

图 3-10 显示出两家科研单元的科研范式存在显著不同。

（1）MIT-QIT。该中心虽然目前仅有 7 位核心领衔专家，但研究主题涵盖

量子理论、数学、量子通信、量子计算、算法、软硬件、应用（机器人、航空航天）等（与其他院系形成网络交叉分布研究结构）。几乎每位科学家都各有优势研究方向，分别撑起了 MIT 的某一量子信息研究方向。

（2）Oxford-Q。该中心的 45 位科学家来自物理、化学和材料三个学院，研究主题涵盖量子光学、量子计算、量子通信、光和物质界面的工程量子态、低温原子分子和超导设备、量子光电材料超导体和磁铁等，还开展量子信息前沿研究，如从量子数学到生物学研究、量子信息的物理基础研究（理论探索与实验）。

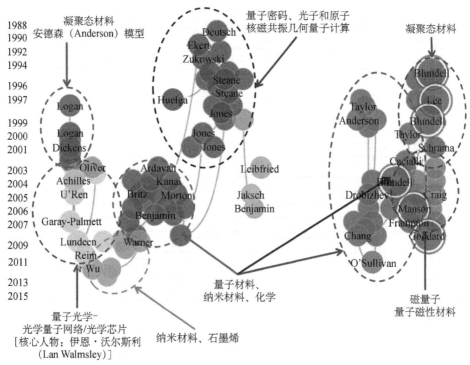

图 3-11　基于机构本身论文引文网络的科研范式解析——Oxford-Q（文后附彩图）

三、小结

引文网络社团划分也揭示出 MIT-QIT 和 Oxford-Q 的引文网络社团划分结构丰富，学科领域均匀且多样化。

引文网络社团结构特征是科研单元科研范式的外在表现，本节基于此设计了科研单元科研范式分析方法，对量子信息领域的两家科研单元的实证分析表明，该方法可有效地揭示科研单元的科研范式，具有较好的应用效果。

　　在实际应用方面，通过挖掘科研单元的科研范式，对科研单元制定发展规划、组建人才队伍、设定学科布局等均具有重要意义，可以为国家层面或高校与科研院所层面布局科研单元提供科学依据，还可以为科研单元的分类管理与评价、人才引进、研究方向优化等提供指导性建议。

第四章 混合网络的社团

第一节　混合网络的概念与类型

一直以来有关网络的定义层出不穷，本章中所说的混合网络是指含有多种节点类型或多种关系的网络，即网络中同时包含作者和论文等两种或两种以上类型的节点，或者是网络的边涵盖了合作、引用或主题相似等两种或两种以上的关系。混合网络本质上属于异构网络的范畴，即由多种类型节点与多种关系的边所形成的网络就是异构网络（Taskar et al.，2002；Guimerà et al.，2005）。

复杂网络和超网络所指向的网络较为宽泛，强调的是一种呈现高度复杂性的网络，并未对网络的节点和关系做出具体说明。而异构网络强调的是网络拓扑结构的复杂性，更注重异构关系，对同类型对象之间的同构关系关注较少（Wang et al.，2013）。同构网络仅从一个视角反映某一方面的联系，在研究科学结构、识别研究前沿和技术机会方面存在局限性（van den Besselaar and Heimeriks，2006）。混合网络强调的是多种节点与多种关系的混合，充分考虑了异构关系和同构关系，体现出功能的丰富性。故本研究采用"混合网络"定义，以便在符合真实网络的情况下，将研究人员的焦点从网络拓扑结构的构建聚焦到功能的提升，而不是人为地把网络变得更复杂。

通过与图书情报领域针对单一节点类型网络（如引文网络、合作网络）社团划分研究的工作进行比较发现，按照网络节点的类型与边的类型，可以将混合网络大致分为三类：第一类，单类型节点多类型关系网络（以下简称单节点多关系网络），如以作者为单一节点的网络，同时包含合作和引用两种关系；第二类，多类型节点多类型关系网络（以下简称多节点多关系网络），如网络中同时包含作者和论文两种节点，同时包含合作和引用两种关系；第三类，多类型节点单类型关系网络（以下简称多节点单关系网络），如网络中同时包含作者和论文两种节点，但仅有引用一种关系。

下文主要从这三种类型的混合网络出发，分别对其社团划分的相关工作进行阐述和分析。

第二节　单节点多关系网络的社团研究

一、单节点多关系网络的社团划分

在单节点多关系网络中，可以通过节点间多种不同的关系赋予网络边的含义更丰富的内涵，再进行聚类或社团划分。当前对选择哪些不同的关系进行结合有两种不同的方向：一是基于研究目的，将节点间不同类型的关系直接叠加在网络中，即多关系组合（relation combination）；二是将多种关系融合成一种新的关系后再分析研究对象的关系特征等，即多关系融合（relation fusion）。

（一）多关系组合

在学科领域的科学结构分析中，多关系组合方法的引用主要体现在以下几个方面。第一，引用关系与共词关系的组合。最具代表性的工作是 Small 将引用和共词两种关系组合在一起来揭示文献间的直接连接关系和间接连接关系，进而作为一个涉及分层聚类、聚类的排序以及公共坐标投射方法的框架，支撑科学结构地图的可视化呈现研究（Small，1998）。其他工作还包括：Calero-Medina 和 Noyons 利用共词和引用关系组合的方法确定了那些影响某领域一段时间的文章，通过将这些文章与某领域早期具有影响力的传统研究联系起来，分析了科学出版物间知识的创造和流动过程，对后续利用多种方法结合的相关研究具有启发作用（Calero-Medina and Noyons，2008）。侯跃芳等应用内容词与引文共引聚类分析，既揭示了妊娠糖尿病专题研究的发展现状，又验证了聚类效果，为将此组合分析方法应用于专题研究开了先河（侯跃芳等，2007）。张晗等基于 PubMed 数据库利用共词分析与引文分析相结合的方法，全面探索了消化性溃疡领域学科领域的发展进程（张晗等，2007），验证了主题词共词分析与主题的被引频次相结合，更易于检测学科热点。第二，合作关系与引用（含同被引、文献耦合）关系的组合。例如，Larsen 将合著和同被引两种关系组合起来用于测度太阳能电池研究知识网络的中心点，得出了区分新研究领域发展的早期和晚期阶段的重要性，以及要在科技领域对学习过程和知识传播开展系统性观察（Larsen，2008）。陈伟等于 2014 年利用我国 985 高校的合作与引用数据，构建了以高校为节点的合著网络和被引网络，联合分析了合著网络与引用网络的基本结构特征、网络关联性质、社团特征和重要节点等，揭示了985高校科研合作网络的复杂性特征和发展趋势（陈伟等，2014），为综合分析高校间合作关系与引用关系的研究打开了新视角。

这些研究均对两种或两种以上的关系进行了组合使用，可以从不同角度更全面地挖掘研究对象的特征，更有效地揭示科学结构及演化问题。然而，可选的组合很多，为了判断如何进行有限的组合就能实现最佳的效果，Yan和Ding（2012）对图书情报领域经常分析的合作网络、主题网络、引用网络等进行了相似度测量，发现主题网络与合作网络具有最低的相似度，共引网络与引文网络、文献耦合网络与共引网络、共词网络与主题网络均具有较高的相似度。可见，关系组合应首先从基于引用与非引用、基于社交与认知两个维度入手，而对相似的网络进行组合，如对具有较高相似度的共引网络与引文网络进行组合，会因为使用相似的网络分析同一问题的结果类似，对于问题的全面分析没有太大帮助。

（二）多关系融合

与多关系组合方法不同，多关系融合方法是对多种关系进行融合处理，该方法源于对网页的聚类或分类研究。按照融合阶段的不同，可分为两种类型：一种是社团合并，即分别将不同数据源进行聚类，再通过一定的算法将不同的聚类结果合并到新的聚类；另一种是核融合，通过整合多源数据的相似度矩阵或距离矩阵形成一个包含多源信息的新的独立矩阵，再利用相关算法进行聚类或社团划分以及其他多元统计分析。

在单节点多关系网络的聚类合并研究方面，Yin等提出一种叫作CrossClus的简单半监督方法，该方法根据用户选择的一组与聚类目标相关的特征，对多关系的对象进行多次聚类评估（Yin et al.，2007）。Wei和Li等针对多关系的数据使用相关分析方法，将不同聚类之间的距离计算为每个聚类中心点的距离，通过分配权重保证了实体之间聚类的效率与聚类的精度（Wei and Li，2015）。曾严昱和丁志军提出分部多关系聚类方法，是聚类集成关系融合的典型研究。该方法根据实体间的不同关系对实体进行聚类，再根据聚类结果对不同关系的重要性分配权重值，最后整合为单关系网络再进行聚类，该方法经过多组公开数据集的实验，证明其可以有效地提升聚类精度（曾严昱和丁志军，2017）。以上聚类方法在效率与精度上均有所提升，对利用聚类方法展示科学结构的研究提供了更可靠、更准确的方法基础。

在单节点多关系网络的核融合研究方面，近年来具有代表性的相关工作是综合考虑学术论文的文本属性与关联属性的混合聚类方法，如围绕 Glänzel 提出的综合引文耦合和文本相似度的"引文–文本"混合聚类算法（Glenisson et al.，2005；Janssens et al.，2008）的一系列相关研究，证明了相对于使用单一的聚类方法，使用混合聚类方法使得社团划分结果的准确率更高。一是，Glänzel 团队借鉴网页内容与链接分析相结合的思想，将文献间基于词的关系与基于文献耦合的关系结合到一起，研究结果证明了这种方法在揭示研究领域结构上的有效性（Janssens，2007）；二是，Zhang 等使用基于期刊交叉引用的聚类算法验证和改进基于期刊的学科分类方案（Zhang et al.，2010）；三是，Glänzel 团队将期刊的交叉引用同文本挖掘进行整合，验证并提高了现有的主题分类方案（Janssens et al.，2009）。此外，王小梅在近年来陆续发布的年度《科学结构地图》中，也采用了 Glänzel 团队的混合聚类方法。

在关系融合研究方面，Glänzel 团队的研究主要集中于对引用关系和文本这两种互为补充关系的信息进行挖掘，并没有涉及其他两两独立关系的研究，如代表基于引用关系的引文网络与基于社交认知的合作网络之间的混合聚类效果如何，这是今后需要进一步研究与探索的。

二、网络加权方法

（一）基于频次的加权方法

基于引用频次与合著频次，构建作者与作者之间的关系矩阵。具体过程图如图 4-1 所示。首先构建引用关系矩阵，行向量与列向量均表示作者，若作者 i 与作者 j 存在引用关系，则 X_{ij} 的值为作者 i 与作者 j 之间引用的次数，然后进行归一化处理，得到作者与作者之间引用关系在整个引用环境下所占的比重，得到 W_{1ij}，其计算方式如下：

$$W_{1ij} = \frac{X_{ij}}{N_a} \tag{4-1}$$

式中，N_a 表示所有作者间的引用次数之和；当作者 i 与作者 j 存在引用关系时，X_{ij} 即两者之间引用的次数；当作者 i 与作者 j 之间不存在引用关系时，X_{ij} 为 0。

同理，求得关于合著矩阵中作者与作者之间合著关系所占的比重 W_{2ij}，计算方式如下：

$$W_{2ij} = \frac{Y_{ij}}{M_a} \qquad (4\text{-}2)$$

式中，M_a 表示所有作者间的合著次数之和；当作者 i 与作者 j 存在合著关系时，Y_{ij} 即两者之间合著的次数；当作者 i 与作者 j 之间不存在合著关系时，Y_{ij} 为 0。

利用式（4-3）将两个矩阵的权重进行线性加权处理，以此得到包含混合关系的权重表示，其中 α 为权重系数，具体数值根据后续实验确定。

$$w = \alpha w_{1ij} + (1-\alpha) w_{2ij} \qquad (4\text{-}3)$$

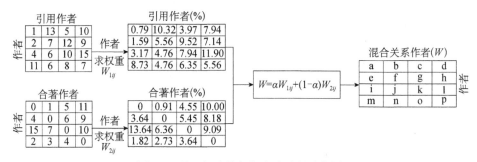

图 4-1　基于频次的加权方法过程示意图

（二）基于相似度的加权方法

首先构建引用关系与合著关系的矩阵。行向量表示引文，列向量表示作者，当作者 i 引用了某篇文章 j，则作者 i 与文章 j 建立联系，然后将作者 i 与文章 j 的关系转换为作者 i 与引用文章 j 作者的关系，将作者间的引用次数记为 U_{ij}。当作者 i 引用了文章 j，则 U_{ij} 为作者 i 文章 j 所有作者之间引用的次数；当作者 i 与文章 j 之间无引用关系时，则 U_{ij} 为 0。

同理，构建合著关系矩阵，行向量表示作者，列向量也表示作者，当两个作者同时出现在某篇文章中时，则作者间构成一次合作关联，合著次数记为 1，否则为 0，合著次数依次累加。

由此构建了引用关系与合著关系的作者方阵，可以通过列向量来两两计算距离，距离大的相似度小，距离小的相似度大。具体过程如图 4-2 所示。

距离算法主要应用欧几里得距离（欧氏距离），相似度算法主要应用余弦相似度。

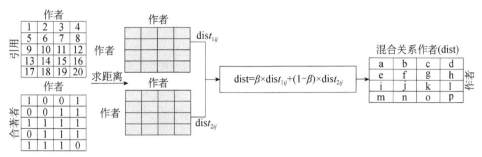

图 4-2　基于相似度的加权方法过程示意图

欧氏距离定义在欧几里得空间中，如点 $x=(x_1, \cdots, x_n)$ 和 $y=(y_1, \cdots, y_n)$ 之间的距离：

$$d(x,y) = \sqrt{(x_1-y_1)^2+(x_2-y_2)^2+\ldots+(x_n-y_n)^2} = \sqrt{\sum_{i=1}^{n}(x_i-y_i)^2} \qquad (4\text{-}4)$$

（1）二维平面上两点 $a(x_1, y_1)$ 与 $b(x_2, y_2)$ 之间的欧氏距离：

$$d_{12} = \sqrt{(x_1-y_1)^2+(y_1-y_2)^2} \qquad (4\text{-}5)$$

（2）三维空间两点 $a(x_1, y_1, z_1)$ 与 $b(x_2, y_2, z_2)$ 之间的欧氏距离：

$$d_{12} = \sqrt{(x_1-y_1)^2+(y_1-y_2)^2+(z_1-z_2)^2} \qquad (4\text{-}6)$$

（3）两个 n 维向量 $\boldsymbol{a}(x_{11}, x_{12}, \cdots, x_{1n})$ 与 $\boldsymbol{b}(x_{21}, x_{22}, \cdots, x_{2n})$ 之间的欧氏距离：

$$d_{12} = \sqrt{\sum_{k=1}^{n}(x_{1k}-x_{2k})^2} \qquad (4\text{-}7)$$

（4）以此类推，多个 n 维向量之间的欧氏距离：

$$d_{ij} = \sqrt{\sum_{i,j,k=1}^{n}(x_{ik}-x_{jk})^2} \qquad (4\text{-}8)$$

余弦相似度，通过计算向量 x_i 与 y_i 的夹角余弦值来确定向量之间的相似度，计算公式如下：

$$\cos(\theta) = \frac{\sum_{i=1}^{n}(x_i \times y_i)}{\sqrt{\sum_{i=1}^{n}(x_i)^2} \times \sqrt{\sum_{i=1}^{n}(y_i)^2}} \qquad (4\text{-}9)$$

欧氏距离存在一定的局限性，即指标单位刻度不同会对距离测量产生影响，距离越大，个体间差异越大。因此，一般应用时需要先进行标准化。空间向量余弦夹角的相似度度量不会受指标单位刻度的影响，余弦值落于区间

[−1，1]，值越大，差异越小，余弦相似度倾向给出更优解。因此，此处计算主要应用余弦相似度表示距离。

利用式（4-10）将引用关系与合著关系的距离进行线性加权处理，以此得到具有包含混合关系的距离表示，其中，dist_{1ij} 为作者 i 与作者 j 之间引用关系的距离，dist_{2ij} 为作者 i 与作者 j 之间合著关系的距离，β 为权重系数，具体数值根据实验确定。

$$\mathrm{dist}_{ij} = \beta\mathrm{dist}_{1ij} + (1-\beta)\mathrm{dist}_{2ij} \tag{4-10}$$

（三）费舍尔反卡（Fisher's inverse Chi-square）方法

由于简单的线性组合可能不是整合文本和文献计量信息的最佳解决方案，因此 Janssens 团队开发了一种费舍尔反卡方法，该方法是一种结合多个来源 p 值的综合元统计分析。与加权线性组合过程相比，这种方法可以处理源自具有不同分布特征的不同度量的距离，并避免任何特定信息源产生极大的影响。该思路是通过计算关于随机数据集的 p 值来改进距离的缩放。这种随机化是获得有效 p 值的必要条件，具体过程如图 4-3 所示。

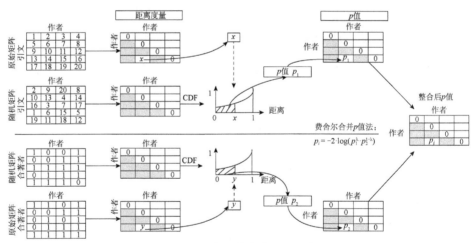

图 4-3　费舍尔反卡方法过程示意图

由于基于费舍尔反卡方法是结合概率来进行统计分析，所以数据的随机性是必要的，此处需要对原始数据进行随机化处理，打破原始数据的顺序，利用随机的思想，将数值关系转换为概率关系。

首先构建原始矩阵与随机矩阵，行向量表示引文与合著关系，列向量表示作者，基于欧氏距离公式（4-11），计算作者 i 与作者 j 之间关系的距离，得到距离矩阵。其中，x_i、x_j 分别为作者 i、j 的 k 维向量。

$$d_{ij} = \sqrt{\sum_{k=1}^{n}\left(x_{ik} - x_{jk}\right)^2} \tag{4-11}$$

由随机距离矩阵中的数值，可以构建累计分布函数（cumulative distribution function，CDF），即随机变量小于或者等于某个数值的概率 $p(X \leqslant x)$，即 $F(x)=p(X \leqslant x)$。那么，对应于作者引文原始矩阵中某位置的数值 x，可以求得 $p_{1ij} F(x) = p(X \leqslant x)$；对应于作者合著矩阵，可以求得 p_{2ij}。基于费舍尔反卡方方法的核心是将所得的 p_{1ij} 与 p_{2ij} 进行融合，计算方法如式（4-12）所示。其中 λ 为融合系数，需根据实验具体确定。

$$p_{ij} = -2 \times \log\left(p_{1ij}^{\lambda} \times p_{2ij}^{1-\lambda}\right) \tag{4-12}$$

综上所述，对于构建具有混合关系的网络方式具有探讨性，哪种方式对揭示实际的社团结构更具有效性，α 或 λ 的选取也会对最终结果产生影响。这将是接下来着重分析的内容之一。

三、实证分析

（一）数据与处理

1. 学科领域选择

在学科领域的选择上，将生物科学中的 CRISPR 作为研究领域。CRISPR（clustered regularly interspaced short palindromic repeats）是生命进化史上细菌和病毒进行斗争产生的免疫武器。相关研究的兴起源于 Cas9 特殊编程酶的发现，其可以切除并取代处于 DNA 的特定部位。从兴起以来，发展迅速，影响深远，涉及动物、人类各个方面基因的修正与改变，包括更改老鼠皮毛的颜色、修正镰状细胞性贫血等各类遗传疾病等。选择该领域的原因有以下几点。

（1）兴起时间短暂。2012 年以来，名为 CRISPR 的强大基因组编辑技术强势出现，并在生物医学研究领域引起一场巨变，相关研究成果如雨后春笋一般，产出增长迅速。因此，该领域相关学者中数量相对成熟学科的学者偏少，研究方向比较集中，论文成果便于统计。

（2）研究意义深远。从 CRISPR 技术本身来说，对生物科学领域乃至整个

social自然生态的发展与进步都具有深远意义。从本研究的目的来看，揭示该研究领域的学者或研究人员的结构，发现重要的学者与科研团体，展示学科发展现状也具有一定的研究意义。一方面，由于该领域兴起时间短，对学者间合作与引用关系的相关研究较少，该研究可以对此进行补充与丰富；另一方面，可为相关研究人员快速清晰地认识该领域的作者科学结构提供一定的借鉴。

（3）应用前景广泛。CRISPR 技术可以打破以往研究者依赖小鼠、果蝇等的传统研究方式，适用于对更多种类的生物进行基因编辑。应用前景广泛的领域，未来进入的科学家也会越来越多，因此，揭示该领域的社团，可以为相关研究人员寻找合作与引用对象提供一定的依据。

本研究的数据来源于 Web of Science 数据库，初步选择检索主题为"CRISPR"的文献，年份不限，文献类型不限，下载时间为 2018 年 6 月 10 日。因为该领域的研究成果出现较晚，所以在下载时间的文献总量为 10 082 篇，其中 30 篇文献的信息不全，经过初筛显示共有 37 405 位作者。

根据该领域的年度发文量进行曲线拟合，发现 CRISPR 技术近十年的发文量几乎呈指数增长，增长十分迅速，具体发文量如表 4-1 所示。

表 4-1　CRISPR 年度发文量

年份	2008	2009	2010	2011	2012	2013	2014	2015	2016	2017
文献量/篇	23	37	53	86	134	282	696	1309	2381	3306

近几年该领域发展迅速，并成为科学界最热门的话题，但对该新兴热门领域的学者网络结构研究较少，因此本研究期望利用复杂网络的方法揭示该领域更多的网络特性与结构特点，帮助科学家更好地认识这一领域的学者团体与发展态势。

2. 数据预处理

（1）首先利用德温特数据分析软件（Derwent data analyzer，DDA）对作者进行数据清洗及消歧处理，DDA 的去重操作比较机械化，牵涉的作者数量较多，并不能保证清洗结果的完全可靠。利用 DDA 的内设通用清洗列表，随后通过人工观察剩余作者姓名的具体写法，判断是否可以进行合并。

（2）考虑到数据的可视化问题，对处理后的数据进行网络可视化，由于作者数量较多（网络节点较多），作者与作者间的连边过多，可视化效果并不明显。利用 SLM 算法进行社团划分，形成的小团簇上百有余，难以观察本研究所应用的研究方法是否对社团划分效果有所改进，无益于对结果的解读。考虑到构建网络的可视化与数据的可处理性，选取部分数据开展研究分析。

（3）研究对象选取。考虑利用网络中心性、最大凝聚子群筛选合适的数据对象，由于数据量过万，一次次地提取网络中心性高的数据或凝聚子群意义不大，因此本研究对原始的作者发文量与被引频次数据进行分析，直接选取部分高被引或核心作者。对原始数据的平均值、众数、中位数、方差等信息进行计算（表4-2），发现70%以上的作者发文量仅为1且被引频次为0，但是平均引用频次却高达20.8，表明部分作者在该领域做出的贡献与影响力巨大，观察这部分科研人员的合作与引用关系具有十分重要的现实意义，有利于理解该领域的科研结构。综合数据量与作者重要性两方面的因素，确定了高被引作者为被引频次不小于500的作者，核心作者为被引频次不小于500且发文量不小于20的作者，最终筛选出459位高被引作者和87位核心作者。通过构建这些作者之间的网络来验证方法的有效性及研究本领域高水平研究者的布局结构。

表 4-2　原始数据统计

	平均值	中位数	众数	极差
发文量	1.7	1	1	116
引用频次	20.8	0	0	21 909

需要注意的是，本研究所涉及的作者皆为数据集中的本地作者，即不包括参考文献中的外围作者，原因是数据集中的参考文献字段仅包含文章的第一作者，对构建引用关系网络来说，数据具有局限性，因此借助 Python、excel 等工具，对所有本地作者间的合作与引用关系进行一一对应，具体处理过程如下。

一是合作关系处理。一篇文章中有多位作者，这些作者两两之间构成合作关系，如果作者 A、作者 B 同时出现在 n 篇文章中，则二者的合作次数就是 n，以此类推。

二是引用关系处理。主要利用文章的 DOI 编号信息（数字对象标识符，可以唯一确定作者）。WoS 下载数据集中的 DI 字段，即该文章的 DOI 编号，CR 字段即表示某篇文章的参考文献信息，包括第一作者姓名、DOI 编号等信息。利用以上信息，首先将本地文章的 DI 字段与 CR 字段中的 DOI 信息进行匹配，若匹配成功，则说明该文章的作者一定与自身或其他文章的作者构成引用关系，随后将本地作者进行引用关系对应处理。

数据处理完后，87 位核心作者的数据构建了 460 条合作边和 5535 条引用边，459 位作者构建了 5015 条合作边和 70 150 条引用边。

（二）构建网络

利用处理过后的数据，构建简单的合作网络、引用网络与混合网络，初步观察这些网络的基本特性。（在 WoS 数据集的规范格式中，表示作者姓名的字段是 AU 或 AF，其中 AU 代表作者简称，AF 代表作者全称，鉴于 AF 字符较多，以下的图表若涉及作者姓名，均以 AU 来展示。）

1. 合作网络构建

将作者视为网络中的节点。若文献 i 的著者有 n 位，那么这 n 位作者两两间均具有合著关系。在网络中，作者 1 与作者 2、3、…、n 均形成合著边，以此类推，作者 2、3、…、$n-1$ 均依次与剩余作者形成合著边。

通过对数据合作关系的抽取处理，87 位核心作者间构建了 460 条合作边，459 位作者间构建了 5015 条合作边。首先对合作网络进行可视化展示，如图 4-4 和图 4-5 所示，图中节点大小代表在该网络中的度，边的颜色深浅代表两个节点间关联关系的强弱。

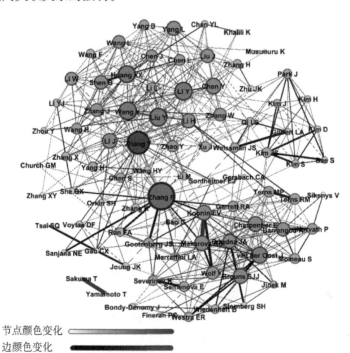

节点颜色变化
边颜色变化

图 4-4　87 位核心作者合作网络图（文后附彩图）

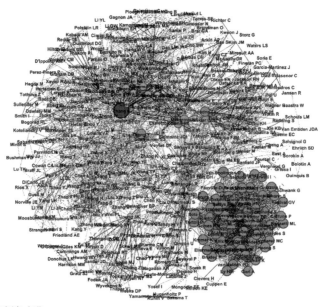

节点颜色变化 ━━━━━━━━
边颜色变化 ━━━━━━━━

图 4-5 459 位高被引作者合作网络图（文后附彩图）

计算网络的平均度、网络直径、网络密度、模块度、平均聚类系数、平均路径长度，表 4-3 展示了该网络所具有的特性，为后文的网络分析做铺垫。

从合作网络来看，该领域的核心科学家中，Zhang F 在众多优秀的科学家中处于十分重要的位置。他是博德研究所（Broad Institute）实验室主任，也是该机构的核心成员之一，博德研究所是一个高水平的基因组学研究中心，隶属于美国麻省理工学院和哈佛大学。

表 4-3 合作网络特性

特性	平均度	网络直径	网络密度	模块度	平均聚类系数	平均路径长度
87 位作者合作网络图	10.698	4	0.126	0.6	0.496	2.355
459 位作者合作网络图	21.996	7	0.048	0.7	0.713	3.257

2. 引用网络构建

将作者作为网络中的节点，如文献 i 引用了文献 j，且文献 j 不仅是参考文献，而且是文献集中的本地文献，则将文献 i 与文献 j 视为引用关系，那么文献 i 中的所有作者对文献 j 中的所有作者均产生引用边。

通过对数据的处理，87 位核心作者间构建了 5535 条引用边，作者间的引用关系是合作关系的 10 倍多，459 位高被引作者间构建了 70 150 条引用边，作者间的引用关系约是合作关系的 14 倍。两个网络的可视化展示如图 4-6 和图 4-7 所示，节点大小代表在该网络中的度，边的颜色深浅代表两个节点间关联关系的强弱。

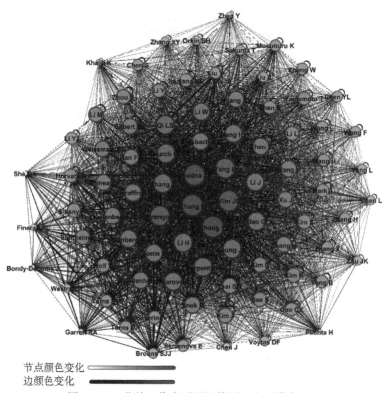

图 4-6　87 位核心作者引用网络图（文后附彩图）

通过核心科学家的相互引用网络图发现，由于该领域兴起时间短，发文量相对较少，核心科学家之间的相互引用较多。根据高被引科学家相互引用网络图发现，核心科学家位于网络的中心，一批位于外围的科学家与核心科学家正以引用的关系建立联系。

从表 4-4 可以看出，高被引科学家与核心科学家比普通研究者具有更高的中心度度数，引用网络中近 90% 的节点都是连通的，具有典型的小世界网络特征。在信息传播方面，在整个网络中，信息更容易从度数中心性较高的节点向外传播。

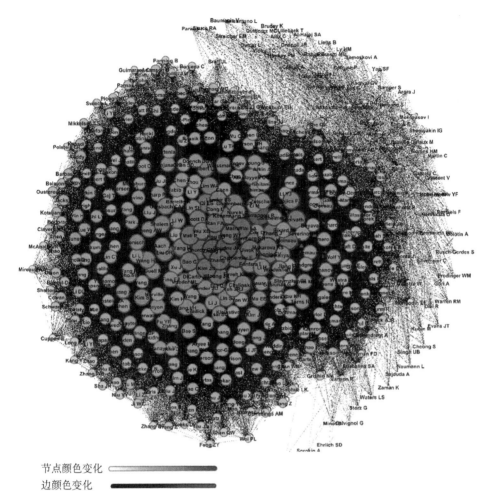

节点颜色变化

边颜色变化

图 4-7　459 位高被引作者引用网络图（文后附彩图）

表 4-4　引用网络图特性

特性	平均度	网络直径	网络密度	模块度	平均聚类系数	平均路径长度
87 位作者引用网络图	64.36	2	0.757	0.182	0.774	1.255
459 位作者引用网络图	154.857	3	0.343	0.217	0.585	1.714

3. 混合网络构建

通过对单一合作关系网络与单一引用关系网络进行简单可视化，可以发现两种网络存在差异。合作网络从个体的社交维度出发，受诸多因素的影响，因此合作网络的合作连线比较清晰，合作对象也相对固定。而引用关系的产生更多是源于对学术成果价值的认可与参考，极少存在客观上的社会因素，皆为主动引用，因此引用网络的链接相对来说十分复杂。

文献中合著描述的是科研人员之间的合作关系，从本质上来说合作关系是由诸多主客观因素促成的，各位作者对研究成果的贡献度也具有较大差异，但这并不是本研究所着重关注的，本研究只关注作者间是否存在合作、合作的次数等。如果两个科研人员共同发表过一篇文章，那么该两点之间就连接一条边，但是这样的合著关系通常不区分主动合作与被动合作，因此一般对合著网络的研究均构建的是无向网络。

提及引用，一般有互引、共引、耦合关系等，在引用行为中也存在诸多主客观的引用动机，邱均平等（2015）将引用动机分为两大类：一类是包括知识主张和价值感知的内在引用动机，一类是包括信息源便利性、引用输出和引用重要性的外在引用动机。本研究仅从引用最原始的动机出发，即引用的前提是由内在动机引发的。引用行为可以看作科研人员的一种信息行为，反映的是研究人员借鉴之前研究成果的情况，具有信息流动方向。把科研人员作为网络中的节点，如果科研人员 i 引用了科研人员 j 的研究成果，则这两点之间便形成了一条边，且方向为 $j \rightarrow i$，因此一般对引文网络的研究均构建的是有向网络。引用与被引关系是有信息输出源与信息接收源的，具有方向性，因此引用关系通常用有向图来表示。

针对合著与引用关系的本质特性，引用关系是有向的，而合著关系是无向的，当然，也有学者构建过有向的合著网络（Chen and Redner，2010），其主要思路是将第一作者或通讯作者挑选出，若其他作者与他们存在合著关系，则连接一条指向他们的边，这样的研究可以突出显示重要作者与其他作者的合著关系，但是对于揭示大规模作者合著关系的有效性不足。

本研究从全局出发，侧重点是作者间已存在的引用与合著关系使得学科领域的科研人员呈现出一种怎样的团体结构，且研究目的是通过将合作与引用关系混合来改善社团效果，是对领域的宏观、中观结构的解读，对信息流动方向不做深究，所以不区分指向问题。在将合作与引用关系混合的过程中，确定呈现的网络是无向的，合著与引用关系的混合不是简单的加和，而是需要进行权重的分配。因此，本研究将搭建的是无向加权混合网络，具体而言，如果作者间存在合著、引用关系，则将两种关系进行融合加权，在作者间连接一条带有权重的边，以此构建混合网络。详细的加权方法在下文中进行详细阐述。

（三）混合网络加权

1. 简单线性加权

对初始网络加权时，理论上来讲，作者间的引用与被引是具有实质性差异的，将引用次数与被引次数相提并论是不合理的，因此在加权时，应该区分纯粹的引用、纯粹的被引以及相互引用。

基于前述章节对模块度的介绍可知，模块度的计算结果越接近 1，对应的网络聚类结果越好。相关学者的研究显示，模块度范围为[0，1]，一般而言，模块度为 0.3 是判断网络是否具有相对明显的社团划分结构的界限（汪小帆和刘亚冰，2009；李晓佳等，2008）。作者合作与引用网络的模块度对比如表 4-5 所示，由此可知，合作网络的模块度普遍高于 0.3，引用网络均低于 0.3，因此合作网络在一定程度上具有较为明显的社团结构，而引用网络的社团结构较为模糊。这就决定了合作关系对该领域社团划分的主导作用，引用关系的加入可对合作网络中的隐性关系起到一定的揭示作用。

表 4-5 作者合作、引用网络模块度对比

特性	模块度
87 位作者合作网络图	0.6
459 位作者合作网络图	0.7
87 位作者引用网络图	0.182
459 位作者引用网络图	0.217

综上，本研究以 87 位核心作者间形成的 460 对合作关系（即 460 条边）为基础，找出两两合作者间的单向引用、单向被引、互相引用频次。互相引用的频次是由作者间的引用与被引频次决定的，若作者 i 引用作者 j 的文章 n 次，作者 j 引用作者 i 的文章 m 次，则取 m、n 中的最小值作为互引权值的初始值，由此可以构建不同的混合网络。对 87 位核心作者的合作次数、单向及双向的引用次数进行统计，绘制散点图如图 4-8 所示。

针对在 CRISPR 领域所挑选的核心作者数据，发现纯粹的单向引用、被引的数据与纯粹的合作数据在分布与平均数值上相差较大，对原始的合作数据分布影响较大。由于是以合作关系为主，因此在引用关系的选取上，以互引关系为辅，原因包括：①互引关系数据与合作关系数据的分布最相似，在数据范围的波动上最接近；②与合作关系数据分布相差大的可能给混合数据带来较大改

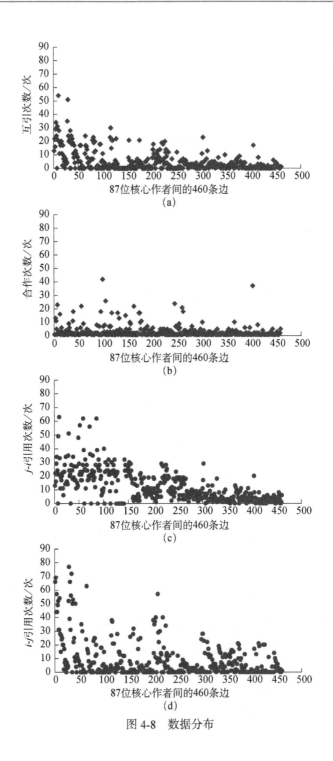

图 4-8　数据分布

变，而与合作关系数据分布相差小的可能给混合数据带来较小改变，若这种较小的改变也可以使网络的社团划分产生变动，便可充分说明方法的有效性；③构建的网络为无向网络，互引关系在一定程度上是通过对论文的引用达到双向的认可，合作关系是在社交维度上达到双向合作意愿并以合著文献的方式所形成的关联，因此，这两种关系在边的指向性上，可以认为是无向的，更符合构建无向网络的初衷；④互引关系是作者双方对研究成果的相互认可，对原始合作网络来说，可以搭建无合作关系有强认可的作者间的联系，这些作者也是未来潜在的合作者，因此构建混合网络具有预测性与前瞻性，可以为未来的领域科学机构或发现科学共同体提供参考借鉴。

综上，在对社团划分结果可视化时仅对互引关系与合作关系的混合加权网络进行展示。

本节对合作次数与互引次数进行简单加权，具体过程如下。①对于构建的合作网络数据，筛选出合作次数大于 0 的两两作者，进行归一化处理，得到作者 i 与作者 j 之间合作关系在整个合作环境下所占的比重，得到 W_{1ij}。②计算以上作者两两间的互引次数：如作者 a 被作者 b 引用 n 次，作者 b 被作者 a 引用 m 次，作者 a 与作者 b 之间的互引次数为 $\min(m, n)$。根据合作关系的数据处理过程，同理求得关于引用矩阵中作者 i 与作者 j 之间的引用关系所占比重 W_{2ij}。③利用公式 $w = \alpha w_{1ij} + (1 - \alpha) w_{2ij}$ 计算得到混合权重。

基于频次加权方法，对参数 α 的取值进行讨论。α 的取值展现的是合作关系在混合后的占比，该值没有固定的取值范围，在[0, 1]间均可取值，为了便于观察与计算，从合作关系占比 0.1 开始，以间隔 0.2，即取 α 值为 0.1、0.3、0.5、0.7、0.9。具体的混合数据分布如图 4-9 所示。其中，在 α 为 0.5 时，整体的数据分布更趋向于合作关系，符合本研究所选择的研究主体关系，因此选择这组数据作为社团划分的基础数据。

该计算方法可以修正显性合作关系下的隐性关系，比如某两位作者间的合作次数较少，但是互引次数较多，在关系混合加权的过程中，会将较弱的合作关系增强。

2. 相似度加权

在计算相似度时，本研究应用余弦函数计算作者间的相似度。余弦函数是三角函数的一种。在 $\text{Rt}\triangle ABC$（直角三角形）中，$\angle C = 90°$，$\angle A$ 的余弦是它的邻边比三角形的斜边，即 $\cos A = b/c$，也可写为 $\cos A = AC/AB$。余弦函数：

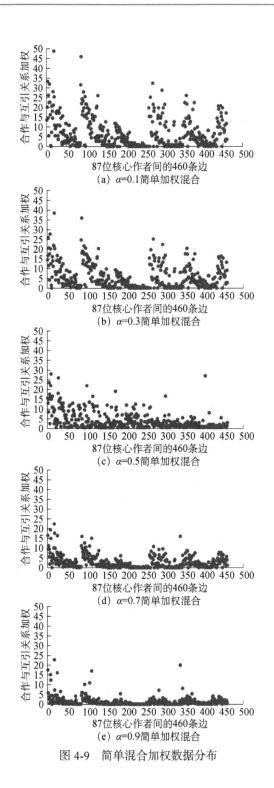

图 4-9 简单混合加权数据分布

$f(x)=\cos x(x\in \mathbf{R})$，可以应用余弦相似度计算两个向量的夹角余弦值来评估相似度。

如何计算作者间的相似度，其实可以类比文本相似度的计算过程。文本聚类的基础是对文本相似度的计算，而文本聚类与结构化数值数据的聚类方法相似，文本之间的相似度通过计算文本之间的"距离"来表示，利用相似度数据产生聚类。但文本数据是一种半结构化的数据，不像普通的结构化数据，这样的数据在进行聚类之前需要对文本数据源进行处理，包括分词、向量化表示等，以达到可以用向量化的数值来表示这些半结构化的数据的目的。一般来说，应用余弦方法计算文本相似度分为以下几步（图4-10）：①通过中文分词，将完整的句子根据分词算法分为独立的词集合；②求出两个词集合的并集；③计算各词集的词频，同时向量化词频；④带入向量计算模型，求出文本相似度。

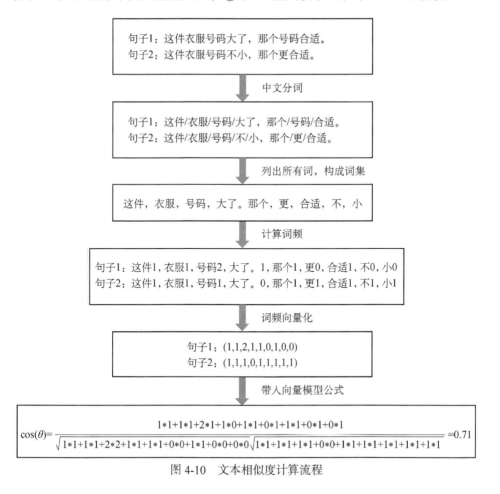

图 4-10　文本相似度计算流程

类比文本相似度计算步骤，作者间的相似度计算过程如图 4-11 所示，即①通过筛选本地文章与其参考文献，抽取文章作者，形成作者集合；②列出有过合作、引用关系的作者集合；③计算各作者集合的合作频次、引用频次，同时将频次进行向量化；④带入向量计算模型，求出相似度。

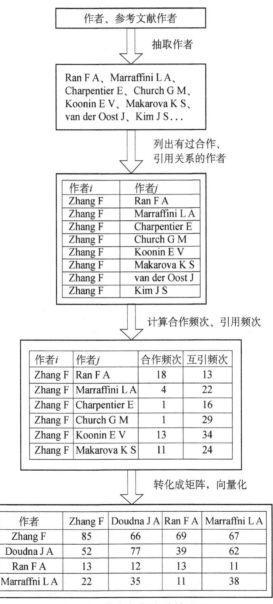

图 4-11 作者相似度计算流程

利用 87 位核心作者的初始数据，完成引用关系、合作关系的相似度计算，对该数据绘制分布图。通过相似度的分布可以发现，在该数据集中，引用关系的相似度呈现接近正态分布的分布特征，一方面，揭示了该领域的引用中有接近 75% 的核心作者在撰写文章时引用的作者超过 50% 是相同的；另一方面，说明了该领域有部分人的文章具有广泛的影响力与认可度，对其他科研人员的相关研究具有重要的参考价值。而合作关系呈现出绝大多数作者的合作对象是各不相同的，在相似度为 0～0.1 区间的作者达到 70%，也在一定程度上反映了在新兴领域具有更多研究问题亟待解决，合作对象具有更多可能性。

相似度的分布也影响着社团数量的不同，相似度越集中，加权的各节点的链接强度就越相似，被划分到同一社团的可能性就越大。因此，若只用引用的数据来进行社团划分，则区分度较小，当把合作关系加进来时，就可以修正这种偏差。将作者与作者间具有的引用和社交维度的关系统一起来，更切合实际。相似度混合加权后的数据分布如图 4-12 所示。

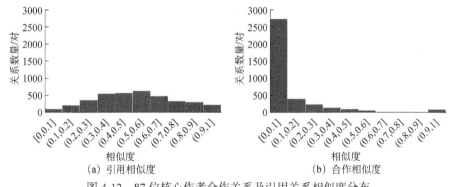

图 4-12　87 位核心作者合作关系及引用关系相似度分布

由此，基于上文的相似度加权方法，对参数 β 进行讨论，β 没有固定的取值范围，在[0，1]间均可取值，为了方便观察与计算，以 0.1 开始，以间隔 0.2 为步长，即取 β 值为 0.1、0.3、0.5、0.7、0.9，做出对 87 位核心作者的两种关系混合后对应的相似度分布图（图 4-13）。其中，在 β 为 0.3 时，整体的数据分布更缓和，带有更多的合作特征，因此选择这组数据作为社团划分的基础数据。

3. 费舍尔反卡方方法

费舍尔反卡方方法是结合概率来进行统计分析的方法，首先需要计算距离，

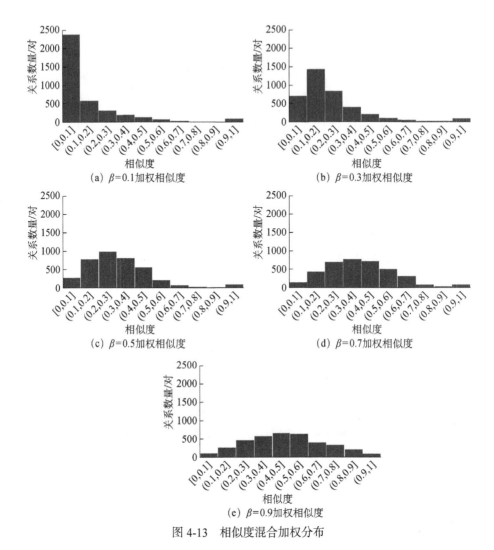

图 4-13　相似度混合加权分布

可借用上一方法的相似度作为距离数值，然后根据距离矩阵中的数值，构建累计分布函数，其定义是对连续函数所有小于等于 a 的值出现概率的和，数学表达式为：

$$F(a)=P(x \leqslant a) \qquad (4-13)$$

对于所有实数 x，累计分布函数与概率密度函数（probability density function，PDF）相对。概率密度函数是在某个确定的取值点附近的可能性的函数，其中，连续型随机变量的概率密度函数是一个描述变量的输出值。概率密度函数描述可能性的变化情况，如正态分布密度函数，在中间出现的可能性最大，

在两端出现的可能性较小。而任何一个累计分布函数，都是一个不减函数，
最终值为 1。

根据累计分布函数的定义，通过矩阵实验室（matrix laboratory，MATLAB）
可计算出 87 位作者合作、引用各自的累计分布函数，均为递增函数，这也符
合累计分布函数的数学含义，其中，合作相似度累计分布函数和引用相似度累
计分布函数分别如图 4-14 与图 4-15 所示。

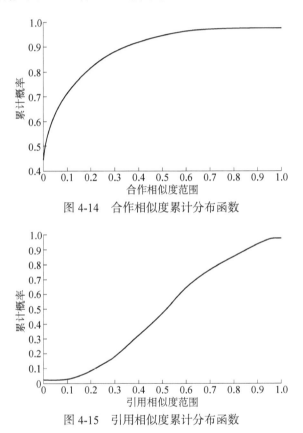

图 4-14　合作相似度累计分布函数

图 4-15　引用相似度累计分布函数

计算出两种关系的累计概率分布函数，下一步是将原数据中的每一个值转
换成分布函数中的概率值，然后利用公式 $p_{ij} = -2 \cdot \log(p_{1ij}^{\lambda} \cdot p_{2ij}^{1-\lambda})$ 来进行混合加
权计算，其中 i、j 分别表示作者 i 和作者 j，p_{1ij}^{λ} 为合作相似度，$p_{2ij}^{1-\lambda}$ 为引用相
似度，参数 λ 的确定如下所述。在实际操作中，发现几个需要解决的问题。

（1）在求随机数据的概率密度函数时，发现根据随机数据的分布的不同可
以求得不同的概率密度函数，然后对概率密度函数做拟合求参数，形成的概率

密度函数公式再积分求概率值。这个过程牵涉随机数据的分布问题，既可以生成服从正态分布的数据，也可以生成服从均匀分布的数据或其他分布的数据，哪一种分布合适需要进一步讨论。

（2）如何确定参数 λ？不同的 λ 影响不同位置的 p_{ij}，进而影响网络中权重的分布，对社团划分结果具有决定性的作用。

对于问题（1），随机数据的分布问题需要根据具体情况具体分析，本研究对数据做了尝试，不同分布的数据影响着概率值的计算。数据分布的选择需要根据经验或预先判断，以确定最后的随机数据分布。

对于问题（2），参数 λ 的确定主要有两种解决方式。第一种：λ 的选取要使得两个最弱却重要的链接在产生 p_{ij} 时具有相同的贡献，主要通过 $p_{1ij}^{\lambda} = p_{2ij}^{1-\lambda}$ 计算，从而求得 λ。第二种方式：利用 SVC（silhouette value per clustering，每个社团的轮廓值）的方式，通过对每一个数据类型计算 SVC 值，可以评估数据源的质量，同时用于判断 λ 的值是否合理。公式为：$\lambda = \dfrac{SVC^{\text{data type1}}}{SVC^{\text{data type1}} + SVC^{\text{data type2}}}$，其中 data type 代表不同的数据类型，在此处分别代表合作相似度和引用相似度。

该方法存在诸多不确定性，为保证研究的合理性，仅做以上参数数值计算上的探讨，不具体展开加权计算与社团划分。

（四）社团划分与可视化

基于以上加权方法处理后的数据，本研究选择 SLM 算法进行社团划分。利用 SLM 算法进行社团划分的一个重要指标是算法的分辨率，一般来说，分辨率越低，划分获得的社团数量越少。经过在自建数据集上的实验，发现分辨率为 0.5 时较为合理，因此本研究的所有社团划分的分辨率均为 0.5。

1. 核心作者可视化分析

基于 87 位核心作者数据，对纯粹的合作关系、引用关系进行网络构建，计算相关网络指标。

87 位核心作者间构建了 460 条合作边，利用 SLM 算法将合作者划分成 7 个社团，如图 4-16 所示。选择核心作者的互引数据同时进行社团划分，检测到 5 个社团，如图 4-17 所示。

（1）简单加权混合网络社团划分。结合合作作者间的互引数据，根据加权数据的分布情况，选择 $\alpha=0.5$ 进行简单加权方法。加权后的网络划分出 5 个社

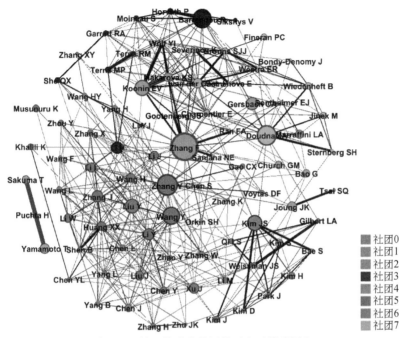

图 4-16 核心作者合作网络（文后附彩图）

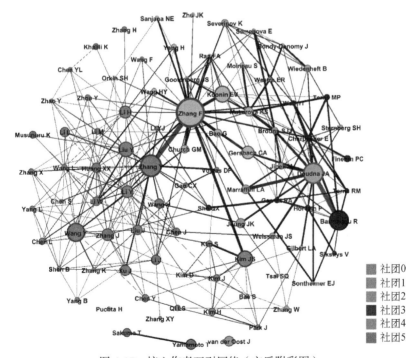

图 4-17 核心作者互引网络（文后附彩图）

团,如图 4-18 所示,与原始的合作与互引网络所划分的社团产生差异。

对社团划分后的数据进行分析。根据每个社团中作者的发文量与中心性可以找到每个社团的代表作者,各社团的代表作者如表 4-6 所示。

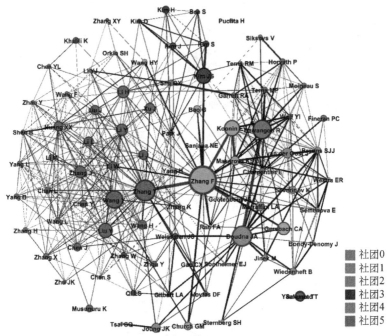

图 4-18　核心作者合作与互引数据混合加权网络(文后附彩图)

表 4-6　各社团的代表作者

作者	简介	合作社团	互引社团	α=0.5 加权社团
Zhang Y	电子科技大学生命科学与技术学院教授,明尼苏达大学医学院博士后。近期研究是 CRISPR/Cas9 基因组编辑系统引发广泛脱靶效应等	社团 0	社团 0	社团 0
Zhang F	美国国家医学科学院院士,美国麻省理工学院理学院终身教授,获阿尔伯尼医学奖。主要研究基因修饰技术 CRISPR/Cas 9 的发展和应用,并率先获得美国专利	社团 1	社团 1	社团 1
Marraffini L A	洛克菲勒大学细菌学实验室教授和负责人,在 CRISPR/Cas9 系统的 DNA 切割方面做出了开创性的工作,是 CRISPR/Cas9 系统可用于异源基因组的基因编辑的首位提出者	社团 1	社团 1	社团 1

续表

作者	简介	合作社团	互引社团	$\alpha=0.5$ 加权社团
Doudna J A	美国加州大学伯克利分校教授，2020 年诺贝尔化学奖获得者。代表性研究：病毒、质粒测序、基因组 CRISPR 位点等	社团 2	社团 2	社团 2
Barrangou R	美国北卡罗来纳大学微生物学家。代表性研究：利用 CRISPR 技术研究新型癌症免疫治疗产品的开发等	社团 3	社团 2	社团 3
Kim J S	韩国基础科学研究所主任。代表性研究：研究 CRISPR/Cas9 核酸酶的全基因组特异性等	社团 4	社团 3	社团 3
Qi L S	加州大学伯克利分校、斯坦福大学博士。代表性研究：CRISPR RNA 转录程序、CRISPR 多能干细胞基因组编辑等	社团 5	社团 4	社团 4
Joung J K	哈佛大学教授，麻省总医院病理学家。代表性研究：全基因组测序、β-血红蛋白病基因组编辑等	社团 6	社团 4	社团 4
Tsai S Q	圣裘德儿童研究医院研究人员。代表性研究：全基因组测序、β-血红蛋白病基因组编辑等	社团 6	社团 5	社团 4
Yamamoto T	日本广岛大学讲师。代表性研究：利用基因组编辑技术的替代基因敲入方法等	社团 7	社团 5	社团 5

经过混合加权后，社团产生变化的作者如表 4-7 所示。举一例进行简要说明：在社团 0、1 发生变动的是 Chen Y L、Yang L、Khalili K、Doudna J A，他们的合作者多数是以 Zhang Y 为核心的作者群，那么以 Zhang Y 为核心的作者群也代表了在 CRISPR 领域具有高质量研究成果的学者群体；而他们在引用时多与以 Zhang F 为代表的作者群建立联系。当对这两种关系进行混合加权时，引用对合作形成的显性共同体产生了作用，隐性的共同体显现。当然社团的变化与权值有很大关系，经过前述内容的计算，选取合作权重为 0.5 时的网络数据进行社团划分，具体发生社团变动的作者如表 4-7 所示。

表 4-7　发生社团变动的作者

作者	合作社团	互引社团	$\alpha=0.5$ 加权社团
Chen Y L	社团 0	社团 1	社团 0
Yang L	社团 0	社团 1	社团 0

续表

作者	合作社团	互引社团	α=0.5 加权社团
Khalili K	社团 0	社团 1	社团 0
Doudna J A	社团 0	社团 1	社团 1
Qi L S	社团 3	社团 2	社团 3
Weissman J S	社团 3	社团 2	社团 3
Zhang W	社团 4	社团 3	社团 3
Barrangou R	社团 4	社团 3	社团 4
Terns R M	社团 5	社团 4	社团 4
Siksnys V	社团 5	社团 4	社团 4
Garrett R A	社团 5	社团 4	社团 4
Fineran P C	社团 6	社团 4	社团 4
She Q X	社团 6	社团 5	社团 4
Yamamoto T	社团 7	社团 5	社团 5
Sakuma T	社团 7	孤立节点 0	社团 5

在社团划分实践应用中，很难确定社团的数目，模块度的优势就在于可以衡量相对最优的划分方案。从网络特性来看，互引网络的模块度相对较小，与合作关系混合后，模块度略有提升（表4-8）。可以说，在以合作关系为基础的网络中，互引关系的加入对划分结果是有所改善的。

表4-8　网络特性比较

（核心作者）特性	平均度	网络直径	网络密度	模块度	平均聚类系数	平均路径长度
合作网络	10.575	4	0.123	0.6	0.496	2.355
引用网络	6.667	4	0.078	0.47	0.392	2.665
混合加权网络	10.575	4	0.123	0.508	0.496	2.355

（2）相似度加权混合网络社团划分。相比于基于频次的加权方法，基于相似度的合作网络与引用网络已经发生了改变，得到的社团数量与结构也会发生改变。从数学计算的角度来看，相似度是作者两两间与其他作者构建联系有无或多少的度量，而频次的计算仅仅是基于作者两两之间的，并没有考虑与其他作者产生联系。相似度数据产生社团或聚类的原理如下：若两个作者在引用或

合作方面产生关联的作者越相似，就说明两个作者间的研究方向或研究领域更为相似，那么他们划分在一个社团的可能性就大大提升，通过混合加权这两种关系的数据，可以在更广泛的空间下观察由合作与引用关系同时带来作者社团的改变效果，可以更清晰地辨别更真实存在的社团结构。

首先，对合作相似度数据进行网络构建，并利用 SLM 算法进行社团划分，该关系产生的社团共有 3 个，如图 4-19 所示。这说明在作者合作关系上，更多核心作者的合作对象比较相似，仅可以划分为 3 个社团。

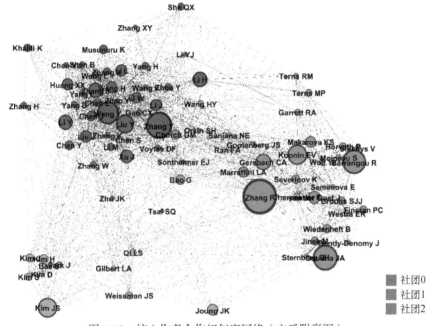

图 4-19　核心作者合作相似度网络（文后附彩图）

对引用相似度数据进行网络构建，并利用 SLM 算法进行社团划分，该关系划分的社团也为 3 个，如图 4-20 所示。但是，可以明显看出，引用关系比合作关系复杂，链接更多、更紧密；在作者引用关系上，更多的核心作者的引用对象比较相似，当然这可能是由于筛选出的数据是领域中的核心作者导致，其被引用的概率较大，因此存在更为相似的引用对象。

将合作与引用的相似度数据进行加权，构建网络并利用 SLM 算法进行社团划分。根据相似度加权数据的分布情况，选择权重 $\beta=0.3$ 进行加权。加权后的网络图如图 4-21 所示。加权过后的网络划分为 3 个社团，从社团数量来看，不存在变化，但是从节点所属社团来看，部分作者的所属社团发生了变化。

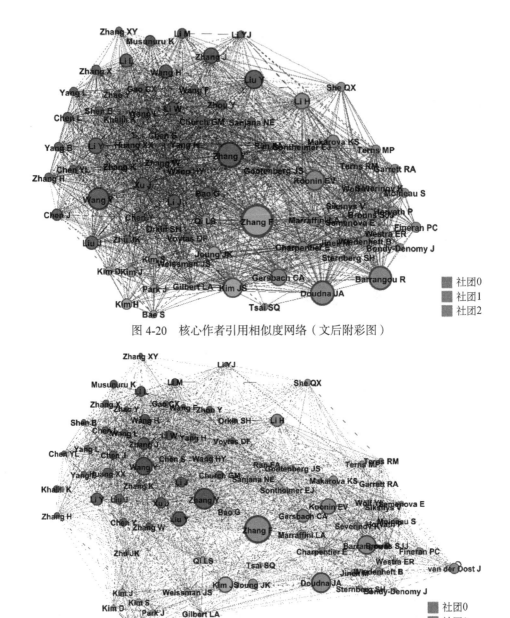

图 4-20　核心作者引用相似度网络（文后附彩图）

图 4-21　核心作者合作与引用相似度加权混合网络（文后附彩图）

　　举例分析，Tsai S Q 作为前述内容提到的较为重要的作者，其在三个社团中发生变动。从合作相似度来看，Tsai S Q 与以 Zhang Y 为首的社团的合作对象之间的相似度较接近；从引用相似度来看，Tsai S Q 与以 Doudna J A 为首的社团的作者之间引用相似度较接近；当两者加权以后，Tsai S Q 与以 Joung J K 为首的社团的合作与引用的相似度更为接近。因此，若只研究一种关系，则只能较片面地说明一种情况；若可将多种关系合理混合，则可以挖掘出更有效的信息，有助于更准确全面地认识科学家之间不同维度下的关系结构。Zhang F 在引用相似度上被划分到社团 2，在混合相似度上依然被划分到社团 1，这说明其与社团 1 中的其他作者的合作相似度更为接近且比重较大。具体的社团发生变化的作者如表 4-9 所示。

表 4-9　社团发生变化的作者

作者	合作社团	引用社团	混合社团
Tsai S Q	社团 0	社团 1	社团 2
Sontheimer E J	社团 0	社团 1	社团 1
Li H	社团 0	社团 1	社团 1
She Q X	社团 0	社团 1	社团 1
Zhang F	社团 1	社团 2	社团 1
Ran F A	社团 1	社团 0	社团 1
Church G M	社团 1	社团 0	社团 0
Wang H Y	社团 1	社团 0	社团 0
Sanjana N E	社团 1	社团 0	社团 1
Bao G	社团 1	社团 0	社团 2
Orkin S H	社团 1	社团 0	社团 0
Joung J K	社团 2	社团 2	社团 1

从网络特性来看，引用相似度网络的模块度较合作网络的模块度依然较小，与合作关系混合后，模块度略有提升，如表 4-10 所示。在一定程度上，在以合作关系为基础的网络中，引用关系的加入对划分结果是有所改善的。何以说有效，需要继续对社团进行评估，这将在接下来的部分具体讨论。

表 4-10　网络特性比较

（核心作者）特性	平均度	网络直径	网络密度	模块度	平均聚类系数	平均路径长度
合作网络	40.494	2	0.529	0.454	0.774	1.432
引用网络	6.667	2	0.614	0.34	0.874	1.435
混合加权网络	40.494	2	0.529	0.439	0.774	1.432

2. 高被引作者可视化分析

基于核心作者可视化的分析步骤，利用高被引作者数据，对其进行混合网络的社团划分，以揭示领域作者群体的混合关系群落，扩充作者数量，减小因核心作者数量较少带来的偏差，为清晰认识该领域提供更加丰富的数据分析依据。

经过数据处理，459 位作者间构建了 5015 条合作边，459 位高被引作者间构建了 70 150 条引用边。

（1）简单加权混合网络社团划分。首先对 459 位作者的纯合作关系进行频次计算，然后利用 SLM 算法进行社团划分，形成 19 个社团，如图 4-22 所示。可以看到，数据的扩充使得网络中可以展现更多的社团结构，结合主题分析或内容分析，可以更加清晰地得到一定研究方向下重要作者所形成的科学团体结构。

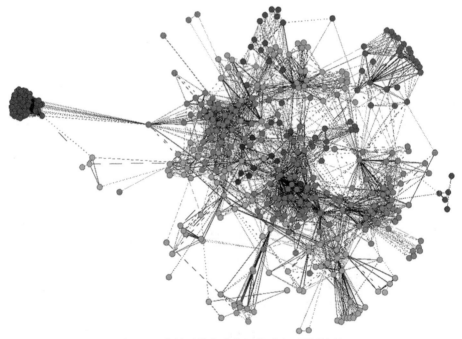

图 4-22　高被引作者合作网络（文后附彩图）

对 459 位作者的纯引用关系进行频次计算，利用 SLM 算法进行社团划分，形成 7 个社团。从合作网络与引用网络产生的社团数量来看，引用网络的社团数量明显减少，说明作者间的引用对象相对于合作对象分布较集中。由

图 4-23 可以看出，该领域高被引作者间的引用关系较疏松，在 SLM 算法的划分下，产生了较多的孤立点，共有 262 位作者孤立地分散在周边。

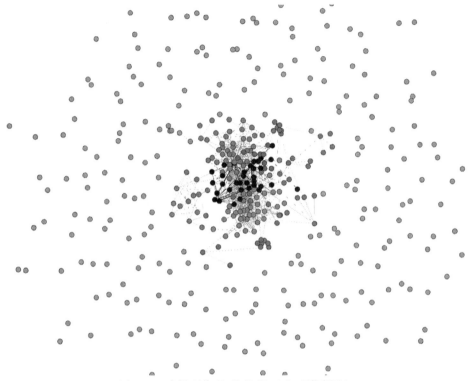

图 4-23　高被引作者引用网络（文后附彩图）

在合作与引用关系所产生的社团划分结果差异较大时，加权方法带来的改变可以被清晰地观察到。基于核心作者相似度的处理过程，对高被引作者数据进行相似度计算处理。同样以合作关系为基础，利用简单频次加权方法，选取合作关系占比为 0.3 时的加权数据，构建网络并利用 SLM 算法进行社团划分，得到 16 个社团。根据可视化图 4-24，一方面，分散在周边的孤立点大幅度减少，合作关系的加入使无法归入社团的作者被划分到相应的社团中；另一方面，社团数量也由合作网络的 19 个减少为 16 个，引用关系的加入对社团的划分产生了一定作用。

从网络特性来看，引用网络的模块度小于合作网络的模块度，与合作关系混合后，模块度略有提升，如表 4-11 所示。

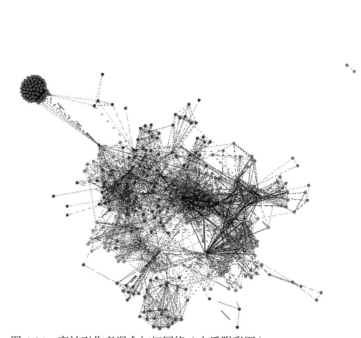

图 4-24　高被引作者混合加权网络（文后附彩图）

表 4-11　网络特性比较

特性	平均度	网络直径	网络密度	模块度	平均聚类系数	平均路径长度
合作网络	21.852	7	0.048	0.735	0.713	3.257
引用网络	2.725	10	0.006	0.453	0.42	3.506
简单加权网络	21.852	7	0.048	0.663	0.723	3.257

（2）相似度加权混合网络社团划分。对 459 位作者的合作相似度进行计算，然后利用 SLM 算法进行社团划分，形成 10 个社团，如图 4-25 所示。

对 459 位作者的引用相似度进行计算，然后利用 SLM 算法进行社团划分，形成 2 个社团，如图 4-26 所示。表明作者间的引用相似度十分相似，且形成了两个较大的社团。

与核心作者部分相似度的处理过程相似，以合作关系为基础，经过相似度计算，选取合作关系占比 0.5 时，利用 SLM 算法进行社团划分，得到 6 个社团，如图 4-27 所示。从社团数量与节点社团的变动可以看出，一定程度上修

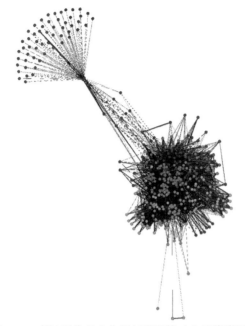

图 4-25　高被引作者合作相似度网络（文后附彩图）

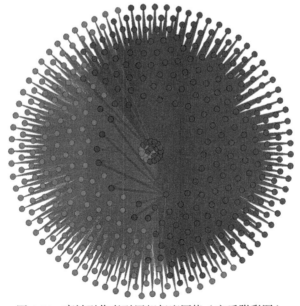

图 4-26　高被引作者引用相似度网络（文后附彩图）

正了引用所无法展示的作者关系，也补充了合作关系中通过引用而搭建的作者间的联系，达到了本研究所要揭示多样信息的目的。

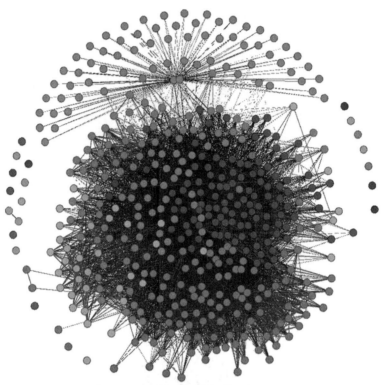

图 4-27　高被引作者相似度混合加权网络（文后附彩图）

从表 4-12 的各网络特性来看，引用网络的模块度非常小，低于具有明显社团结构的界限 0.3，与合作关系混合后，模块度提升且成为具有明显结构的网络社团。

表 4-12　网络特性比较

特性	平均度	网络直径	网络密度	模块度	平均聚类系数	平均路径长度
合作网络	54.937	4	0.12	0.49	0.721	2.151
引用网络	53.203	2	0.116	0.088	0.944	1.878
相似度加权网络	54.937	4	0.12	0.325	0.721	2.151

下文将针对研究方法的有效性进行评估，主要针对小数据样本，即核心作者的数据的相关指标进行评估，从多个角度进行验证说明。

（五）社团划分效果评估

在一个数据样本中，聚类数目的确定是一个非常复杂的问题，往往依赖于所采用的相似度指标、检验方法、数据本身的表征方式等。社团数目通常是通过对不同聚类方案的反复迭代比较确定的，社团划分结果的好坏主要通过内部检测法和外部检测法进行评估。内部检测法基于统计特征对社团本身进行评估，外部检测法是与其他已得到普遍认可的分类结果进行比较。当然，也存在评估的相对标准，即用相同算法的不同参数或结果来评价聚类效果的优劣。从这一角度来看，社团算法划分不同社团过程中的 Q 模块度其实是相对标准的一种体现。参考 Halkidi 等对各种聚类检验方法评估的综述（Halkidi et al.，2001），本研究选取内部评估指标、外部评估指标以及相对评估指标来监督社团划分是否更准确有效。

考虑到数据处理的时间效率与数据的可视化效果，在此仅选取 87 位核心作者数据进行结果数据的评估与分析。

1. 相对标准：Q 函数

为了衡量社团结构检测结果，Newman 和 Girvan 提出了一种衡量标准模块度函数（Newman and Girvan，2004），用 Q 表示。Newman 于 2009 年又提出了模块度函数的另一种表示方法：

$$Q = \frac{1}{2m} \sum_{ij} \left(A_{ij} - \frac{k_i k_j}{2m} \right) \delta \left(C_i, C_j \right) \tag{4-14}$$

Q 函数已成为当前衡量社团划分效果所采用的最广泛的方法，可用于任何类型网络的社团划分（Chen and Redner，2010）。

通过计算发现，核心作者原始合作网络的模块度普遍高于 0.3，原始引用网络的模块度均低于 0.3，因此原始合作网络在一定程度上具有较明显的社团结构，而原始引用网络的社团结构较为模糊。选取互引数据进行网络构建与社团划分后计算模块度，发现引用网络的模块度均高于 0.3，展现了较好的网络结构。由表 4-13 可知，加权后的混合网络在模块度上起到了均衡作用，提高了纯粹引用网络的模块度，而且均高于 0.3，形成的社团结构较明显，加权后混合网络也具有较好的社团结构，对于分析作者结构具有较好的区分性。

表 4-13 核心作者网络 Q 函数（模块度）值计算

	（核心作者）特性	模块度
原始网络	原始合作网络	0.6
	原始引用网络	0.182

简单加权方法	（核心作者）特性	模块度
	合作网络	0.6
	互引网络	0.47
	混合加权网络	0.508
相似度加权方法	（核心作者）特性	模块度
	合作网络	0.454
	引用网络	0.34
	混合加权网络	0.439

2. 外部标准：作者研究内容

以作者合作社团为基础，由于引用关系的引入，作者的所属社团发生变化，总结如表 4-14 所示，对核心作者中社团发生变化的作者的相关合作者研究内容与引用文章作者研究内容进行展示。由于基因编辑领域的新兴性，公认的领域细分研究方向与团体并不十分明确，加上研究方法是针对作者间的合作与引用，社团的改变通过外部权威标准来验证缺少客观性，因此通过归纳强合作关系作者与强引用关系作者的主要研究内容来展示作者社团改变的准确性。结合作者研究内容、作者间合作频次、引用频次、权重加入的影响，确认社团发生变化的作者是否有据可依，且由哪一研究内容转移到另一研究内容的社团。权重的引入使引用关系对合作关系产生影响，发挥了隐性关系的作用。

表 4-14　核心作者社团变化情况

编号	作者	合作社团	引用社团	加权社团	合作/引用作者研究内容
1	Tsai S Q	社团 0	社团 1	社团 2	脱靶效应→病毒、质粒测序
2	Sontheimer E J	社团 0	社团 1	社团 1	脱靶效应→DNA 切割、异源基因组的基因编辑
3	Li H	社团 0	社团 1	社团 1	脱靶效应→DNA 切割、异源基因组的基因编辑
4	She Q X	社团 0	社团 1	社团 1	脱靶效应→DNA 切割、异源基因组的基因编辑
5	Church G M	社团 1	社团 0	社团 0	DNA 切割、异源基因组的基因编辑→脱靶效应

编号	作者	合作社团	引用社团	加权社团	合作/引用作者研究内容
6	Wang H Y	社团 1	社团 0	社团 0	DNA 切割、异源基因组的基因编辑→脱靶效应
7	Bao G	社团 1	社团 0	社团 2	DNA 切割、异源基因组的基因编辑→病毒、质粒测序
8	Orkin S H	社团 1	社团 0	社团 0	DNA 切割、异源基因组的基因编辑→脱靶效应
9	Joung J K	社团 2	社团 2	社团 1	病毒、质粒测序→DNA 切割、异源基因组的基因编辑
10	Terns R M	社团 5	社团 4	社团 4	CRISPR RNA 转录程序→CRISPR/Cas9 核酸酶的全基因组特异性
11	Siksnys V	社团 5	社团 4	社团 4	CRISPR RNA 转录程序→CRISPR/Cas9 核酸酶的全基因组特异性
12	Garrett R A	社团 5	社团 4	社团 4	CRISPR RNA 转录程序→CRISPR/Cas9 核酸酶的全基因组特异性
13	Fineran P C	社团 6	社团 4	社团 4	全基因组测序、β-血红蛋白病基因组编辑→CRISPR/Cas9 核酸酶的全基因组特异性
14	She Q X	社团 6	社团 5	社团 4	全基因组测序、β-血红蛋白病基因组编辑→CRISPR/Cas9 核酸酶的全基因组特异性
15	Yamamoto T	社团 7	社团 5	社团 5	CRISPR RNA 转录程序→CRISPR RNA 转录程序
16	Sakuma T	社团 7	—	社团 5	CRISPR RNA 转录程序→CRISPR RNA 转录程序

3. 内部标准：树状图+轮廓值

（1）树状图。聚类树状图以图的形式直接且直观地展示聚类过程中组合与分裂的过程。解读树状图，可以通过一条竖直的分割线来对图形进行切割，分割线与图形中水平线的交点个数即产生的聚类数目。由于不同位置的分割线会产生不同的聚类数目，因此是否存在较优的划分标准与聚类数目，需要根据实际情况来定。通常需要引入客观的方法来评估确定较优的聚类方案，相关研究中常常将树状图与轮廓值相结合来进行分析。

（2）轮廓值。轮廓值最早由 Peter J. Rousseeuw 于 1986 提出。轮廓值是综合内聚度和分离度的一种指标，可以用来在相同原始数据的基础上评价不同运行方式对聚类结果所产生的影响。个体 i 的轮廓值 $S(i)$ 的范围为 $[-1，1]$（Kaufman and Rousseeuw，1997），定义如下：

$$S(i) = \frac{\min\left[B\left(i,C_j\right)\right] - W(i)}{\max\left\{\min\left[B\left(i,C_j\right)\right], W(i)\right\}} \qquad （4-15）$$

其中，$W(i)$ 表示 i 所在社团的其他个体与 i 之间的平均距离，$B(i, C_j)$ 为个体 i 与社团 C_j 中所有个体之间的平均距离。轮廓值是基于距离计算，因此会导致不同的研究对象得到不同的值。

利用 SPSS、MATLAB 进行树状图与轮廓值的绘制和计算，具体结果如图 4-28 所示。

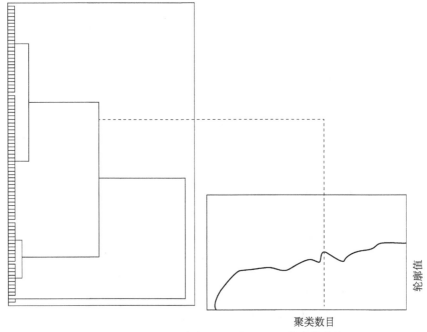

图 4-28　87 位核心作者的聚类树状图及轮廓值曲线

图中未展现相关数值等信息

由轮廓值的定义可知，聚类对象的轮廓值平均值在一定程度上可以认为是对聚类结果的一种衡量方式，从整体角度对划分结果进行测量，通常轮廓值越大，代表聚类效果与质量越好，且最优的聚类数目对应轮廓值的峰值（王开军等，2007）。本研究中轮廓值的测量基于作者之间的相似度计算，即该结果是按照本研究所使用的余弦相似度计算的，但相似度的计算方式并非唯一，因此不同的相似度计算方法可能展现出不同的检验结果。此处，基于不同聚类数目（社团划分数量）的聚类结果展示了相应的曲线。图 4-28 中展示了聚类数目并非唯一，因为局部最优的结果不止一处。但是在聚类数量为 3 附近时，轮廓值存在局部峰值，可以认为是一个相对较好的聚类结果，对应本研究所应用的相似度加权方法的社团划分结果。

（六）小结

本节对 CRISPR 领域的文献数据进行了实证研究，筛选出部分作者，采用不同的加权方法对合作与引用关系进行混合加权，并利用 SLM 算法进行社团划分，结果显示，两种关系的混合可以展示出不同的科学家团体，也可以展示出科学家在不同维度下关系网络的变化，有利于发现领域中可能存在的科学共同体。但是社团划分的有效性仅通过模块度函数不足以判断，因此本研究结合外部标准（作者研究内容）、内部标准等方式来综合评测。结果显示，简单加权方法与相似度加权方法在一定程度上均可改变社团划分的结果，能够显示合作与引用关系相互作用下的社团改变，展示出单独一种关系所无法说明的科学结构。

对于混合关系的加权，两种思路各有利弊。其中，频次简单加权只从合作频次与引用频次出发，权重的大小代表的是作者间合作与引用的联系程度，而相似度加权包含了某一作者与另一作者在该领域与其他作者的合作引用情况，若两者的情况相似，则更说明两者的研究内容、研究主题相似，划分到一个社团或聚类到一个团簇的可靠性更高。频次简单加权展示的结果是作者间产生关联的数值大小反映在社团划分过程中的博弈过程，相似度加权是两两作者间与其他作者产生的关联行为反映在社团划分上的博弈过程。最后，本研究通过加权方法将作者的合作和引用关系进行混合，构建的混合网络克服了单独的合作或引用网络各自的不足，既揭示了时间轴上的纵向信息，又呈现了广阔空间上的横向关联。本研究所使用的两种方法均有侧重点与解读角度，在进行相关研究时，可根据研究目的进行选择。

第三节　多节点多关系网络的社团研究

一、多节点多关系网络的定义

现实网络大多都拥有多种类型的节点且存在多种关系。多节点多关系网络的特性主要表现为以下两个方面。一是节点的多样性，包含节点类型多，在学术网络中，节点可以是作者、文献、关键词、期刊等；在医疗网络中，节点可以是医生、药品、患者等。二是关系的丰富性，在学术网络中，关系可以包含作者合作关系、作者引用关系、文献引用关系、作者与文献的隶属关系等；在医疗网络中，关系可以包含医生开药关系、患者服药关系等。

同构网络仅从一个视角反映某一方面的联系，在识别研究前沿和技术机会方面存在局限（van den Besselaar and Heimeriks，2006）。多节点多关系网络能从多个视角整合多方面的关系，它利用了网络中类型化节点和链接的丰富语义，可以从相互关联的数据中发现丰富的知识，捕获真实世界中最根本的语义信息（Sun and Han，2012）。因此，为全面地了解某个领域的科学结构信息，深入研究多节点多关系网络是十分有必要的。

二、多节点多关系网络社团划分方法

由于对多节点多关系网络中基于不同关系类型而形成的网络之间的多重关系转换成数据关联规则（康宇航，2017）、多类型节点在同一网络中的配置原则、不同关系边的权重方案、分层网络不同层级间的社团融合方法尚未达成共识，直接将传统的同构网络社团划分方法应用于混合网络中尚存在不足，因此，目前对多节点多关系网络社团划分方法的研究多集中于以下两种：一种是扩展现有的算法来直接处理混合网络，另一种是将混合网络降维为同构网络再进行社团划分（Berlingerio et al.，2011；Suthers et al.，2013；Tang and Liu，2010）。基于以上两种划分思路，多节点多关系网络社团划分方法主要有以下五类，分别是基于概率生成模型的方法、基于元路径的方法、基于种子节点的方法、扩展模块度算法、异构网络同构方法。

（一）基于概率生成模型的方法

在基于概率生成模型的方法中，有部分算法将排名问题与社团划分问题相结合，排名与社团划分是相辅相成的：好的排名能增强社团划分结果，好的社团亦能改进排名（张正林，2017）。RankClus（Sun et al.，2009）算法是最早提出的基于混合网络的排序聚类算法，但其只适用于两种类型的节点，Sun 和 Han 基于 RankClus 算法提出了一种新的算法 NetClus（Sun and Han，2009），该算法利用多类型节点之间的链接来生成高质量的网络集群，有更好的聚类效果，但其仅适用于星型网络结构，且需要提前知晓在数据集中具有代表性的对象。对此，RankClass（Ji et al.，2011）算法在 NetClus 的基础上进行了改进，使其适用于任意网络模式的混合网络，且可充分利用任何数据对象的标签信息。赵焕对经典的 NetClus 算法进行了改进，提出 MAO-NetClus 算法，针对 Web 服务、提供商、用户三个类型的节点及其之间的关系，实现了基于多节点多关系网络的 Web 服务聚类，设计了 Web 服务推荐系统原型（赵焕，2015）。为揭示每种类型节点的演化过程，Gupta 等（2011）提出 ENetClus 算法，该算法执行一种演化聚类，使用时间平滑方法显示随时间变化的聚类。Qiu 等（2015）提出 OcdRank 算法，该算法时间复杂度低，并且支持数据增量更新。童浩和余春艳选取论文、作者、术语、会议四种节点及会议-作者、作者-作者两种关系，提出了一种基于排序的异构信息网络协同聚类算法——RankCoClus 算法，实验结果显示，其聚类效果优于排序聚类算法（童浩和余春艳，2014）。

由于基于排序的方法需要提前设置好社团的数目，存在不稳定性，因此陈毅提出了使用多维度贝叶斯非参混合模型（MBNPM）进行社团划分，该模型先抓取每一维度的结构特征，然后将所有维度结构特征进行融合，最后再利用聚类模型得到社团信息（陈毅，2016）。实验结果表明，该模型能自动探索网络的社团数目并取得较优的社团划分效果。殷浩潇和李川提出基于异构信息网络信息维统计量的社区发现算法——Dir-Com，该算法对异构信息网络进行信息维上卷后，学习信息维的狄利克雷分布参数来表征某个社区，再利用最大后验概率进行社团划分（殷浩潇和李川，2016）。Du 等（2015）提出了一种改进模糊聚类算法（fuzzy C-means，FCM）来解决社团划分问题，可以根据最大概率对对象进行重新分配，最后用合成数据和 DBLP 数据集验证了算法的有效性。Sengupta 和 Chen 提出了针对随机块模型的混合网络谱聚类方法，应用了适用于大型网络的用于后验推理的变分最大期望算法（expectation-maximization algorithm，EM algorithm），允许不同类型的节点拥有多个成员关系（Sengupta and Chen，2015），但该算法未解决重叠社区问题。

以上这些算法的研究只限于包含异构关系的混合网络，但实际网络数据关系比较复杂，不仅包含不同类型节点之间的异构关系，而且包含同类型节点之间的同构关系，比如在学术社会网络中，作者、论文、会议节点包含作者-论文、论文-会议等异构关系，同时包含作者合作关系、论文引用关系等同构关系。针对这种网络，Wang 等提出 ComClus 算法，该算法采用带自循环的星型模式来组织混合网络，并使用概率模型来表示对象的生成概率（Wang et al.，2013），实验结果表明，ComClus 算法的聚类效果更优。

（二）基于元路径的方法

多种类型的节点由多条链路链接而成，链接不同节点的链路都蕴含着不同的语义，这样的链路形成元路径（薛维佳，2020）。元路径是一种有效的语义捕获工具，可以捕捉混合网络内丰富的语义信息（Sun et al.，2011；Shi et al.，2017），是混合网络的独特特征，也是一种特征提取方法（Shi and Yu，2017）。因此，在多节点多关系网络中，基于元路径的社团划分方法相继涌现。

PathSim（Sun et al.，2011）是最早提出的基于元路径的算法，该算法针对同构网络提出，对于度量相同类型节点间的相似度表现较好。Li 等指出，大多数基于元路径的混合网络社团划分方法存在两个问题：一是由元路径直接获得的相似度通常是一个偏差度量，二是如何对不同元路径的相似性进行融合（Li et al.，2018）。为此，他们基于 PathSim 的标准化来消除相似性偏差，设计了一种灵活的融合机制来动态优化融合结果，使社团划分结果更优。GenClus 算法（Sun et al.，2012）根据用户给定的属性，自动学习不同类型节点间的链接强度，其与聚类质量可以相互增强。Shi 和 Yu（2017）等提出了 HRank 框架，这是一种基于路径的随机游走方法，实验结果验证了其有效性，展示了元路径的独特优势。

Shi 等（2012）基于元路径提出一种可以度量相同或不同类型节点的相似性算法——HeteSim，该算法通过双向随机游走来计算相似性，在查询和聚类任务中的表现优于传统算法，但是 HeteSim 只适用于单条元路径环境，不能捕获异构信息网络中的多种语义信息（丁平尖，2015），且该算法复杂度高，不适合大规模网络。随后，Meng 等（2014）提出了一种基于给定元路径和反向元路径的双随机游走过程来计算两个对象的相似性算法——AvgSim，其能够在大规模网络中应用，聚类效果更好。

　　不同的元路径包含的信息不同，选择不同的元路径会导致不同的社团划分结果，如何在多条元路径中确定选取的元路径条数或者最优元路径是一个难题。Sun 等（2013）提出 PathSelClus 算法，它能够为混合网络中不同元路径分配不同的权重。吴瑶等提出一种多元图融合的异构网络嵌入方法，可以自动学习网络中的关键元路径（吴瑶等，2020）。郑玉艳等提出 HCD（heterogeneous community detection）算法，首先基于给定的元路径将混合网络映射为同构网络，然后构建种子节点，计算相似性后利用改进的标签传播算法得到基于每条元路径的社团划分结果，最后再将每条结果进行融合实现社团划分，通过实验验证了该算法的有效性（郑玉艳等，2018）。

（三）基于种子节点的方法

　　以种子为中心的算法成为社团划分算法的一种新兴趋势（Hmimida and Kanawati，2015），基于种子节点的方法的基本思想是识别网络中的某些特定节点，称为种子节点，围绕这些节点构建社区（Kanawati，2011；Papadopoulos et al.，2010；Shah and Zaman，2010），这一方法基于局部计算，适合处理大规模网络和动态网络（Yakoubi and Kanawati，2014）。

　　Yakoubi 首先提出种子节点驱动的社团划分算法 LICOD，其基本思想是：选择比大多数直接邻居具有更高中心性的节点作为种子节点，围绕这些节点进行本地社区计算，再从本地社区集合中进行社团划分（Newman and Girvan，2004），但该方法只适用于同质网络。Hmimida 和 Kanawati（2015）将 LICOD 算法扩展到混合网络中，称为 Mux-Licod，该方法考虑了混合网络不同层节点之间的不同类型关系，实验结果表明该方法具有较好的实用性。薛维佳提出了基于种子节点聚类的社团划分算法 NS-Clus，首先通过节点重要度以及二阶邻居选取种子节点，通过相似性度量对种子节点进行初始的社团划分，随后利用节点隶属于社区的概率将非种子节点加入社团中，得到最终的划分结果，在 DBLP 数据集以及 ACM 数据集的测试结果表明了该算法的有效性（薛维佳，2020）。

（四）扩展模块度算法

　　模块度最先是用于评价社团划分结果的指标，随着研究的深入，出现了基于模块度的社团划分算法（Yakoubi and Kanawati，2014；Tang et al.，2009；

Nicosia et al.，2009），纽曼等最先提出模块度优化算法 FN，该方法将每个节点
看作一个社团，计算两两社团结合后的模块度值，采取模块度值增加最大或减
少最小的社团结合方式，迭代直至模块度不再增加完成社团划分，但这些算法
都只适用于单节点类型的网络。

    Guimerà 等提出了适用于二分网络的扩展模块度算法，该算法能够独立地
识别具有相似输出连接的节点和具有相似输入连接的节点（Guimerà et al.，
2007）。Murata 和 Ikeya（2010）提出了适用于 k 核网络的模块度算法，该算法
存在一般模块度算法都存在的分辨率限制问题，且不适用于一般形态的混合网
络。栾婷婷为检测欺诈医生，构建以医生、药品为节点的混合加权网络，提出
基于模块度的 FNO 算法，考虑边权重对医生和药品进行社团划分，最终对比
医生社团和药品社团发现异常医生（栾婷婷，2019），该方法对于大规模的零
散数据聚类有效。Liu 等（2014）提出复合模块度方法，其核心思想是将异构
网络分解为多个子网络，并将每个子网络中的模块度进行集成，基于 Louvain
算法优化复合模块度，实现社团划分，该方法不需要先验知识，且适用于大规
模网络与一般形态网络。

（五）异构网络同构方法

    鉴于同构网络的社团划分方法相对成熟，可以将异构网络降维成同构网
络，再使用同构网络社团划分方法进行划分。异构网络的降维方法主要有非负
矩阵分解、主题模型、线性降维分析、主成分分析等。

    非负矩阵分解（nonnegative matrix factorization）方法对于任意给定的一个
非负矩阵，都能分解为两个非负矩阵（Liu et al.，2016），分别为基矩阵和系数
矩阵，利用系数矩阵来代替原矩阵实现降维。Tafavogh 提出一种基于矩阵分解
和语义路径的异构网络社团划分方法（Tafavogh，2014）。Zhang 等提出了一种
非负矩阵三因子分解方法 HMFClus，计算相似度将相同类型对象之间的信息集
成到 HMFClus 中，该方法可以同时聚类混合网络中所有类型的对象（Zhang
et al.，2016）。黄瑞阳等利用多关系相似度矩阵融合动态异构网络中的信息，
结合非负矩阵分解模型发现网络中的社团结构，该算法在社团划分上有效，但
复杂度高（黄瑞阳等，2017）。Liu 等针对多层属性网络，从矩阵分解的角度提
出了惩罚替代因子分解算法来解决相应的优化问题，该算法不仅社团划分效果
好，而且对网络形态的适用性强（Liu et al.，2020）。非负矩阵分解方法的不足
之处在于：其需要预先估计社团数目，且算法复杂度高，无法满足大规模网络

的社团划分要求。

引入主题模型，可以挖掘出文本信息中隐藏的主题信息以提高社团划分的效果（刘培奇和孙捷燧，2012）。Mei 等将主题模型和社会网络分析相结合，充分利用了统计主题模型和离散正则化的优点，通过正则化以改进主题模型，实现社团划分（Mei et al.，2008）。王婷提出基于主题感知的 LDA-Light 算法，将异构网络降维成同构网络或二分网络，利用标签传播算法进行社团划分，通过该方法划分出来的社团带有语义信息，且普适性强（王婷，2016）。

主成分分析（principal component analysis，PCA）与线性判别分析（linear discriminant analysis，LDA）两种方法均属于线性降维方法，使用线性投影的方法将高维度数据映射到低维空间。其不同点在于：前者确保降维后的数据保留较多的原始信息，后者是使降维后的数据更易被区分（保丽红，2020）。现有研究只将这两种方法用于单节点类型的网络（Lin et al.，2014；Li et al.，2016；Yuan et al.，2016）或二分网络中（Liu and Chen，2013）。

混合网络同构方法虽然便于理解，但将混合网络降维成同构网络的过程复杂，易造成信息失真。非负矩阵分解方法的网络适用性强，但实现复杂度过高；主题模型方法利用语义信息进行社团划分，结果更加可靠，且普适性较强；主成分分析与线性判别分析方法的网络适用性较差。

现如今，越来越多的研究不局限于一种社团划分方法，多种方法的融合使得社团划分效果更优。高苌婕和彭敦陆利用基于语义的元路径模型计算节点间的相似性，基于结构洞和模糊聚类算法，通过最小化目标函数值得到社团划分结果（高苌婕和彭敦陆，2017）。陈长赓在经典标签传播算法的基础上引入基于元路径计算的相似度进行优化，提出了基于元路径计算相似性的标签传播算法 PathLPA，并将其应用于 DBLP 学术文献异构信息网络中对作者节点进行社团划分，取得良好的社团划分结果（陈长庚，2019）。张正林提出一种基于元路径抽取与种子社区的重叠社团划分算法 Hete_MESC，用户根据需求选取中心节点，从网络中抽取出关于中心节点的多路网络后对该多路网络进行社团划分，将划分结果作为种子社区，根据其他类型节点与种子社区的相似度计算最终实现所有节点的社团划分（张正林，2017），该算法适用于任何形态的网络，且复杂度低。

目前，针对多节点多关系网络社团划分方法，大多是基于概率生成模型的方法和基于元路径的方法。基于概率生成模型的方法一般需要根据先验知识指定社团数目，会导致结果的不稳定；基于元路径的方法虽然较为简便，但其得到的相似度通常是一个偏差度量（Li et al.，2018）；扩展模块度算法仍避免不了模块度最大化的局限——分辨率限制，无法检测大规模网络中的小社区（Lancichinetti and Fortunato，2011；Fortunato and Barthélemy，2007）；对于基于种子节点的社团划分方法，如何高效地选择有效的种子节点仍存在问题；异构网络同构方法虽然便于理解，但是模型的推导过程复杂，实现复杂度过高。可见，对混合网络社团划分方法开展进一步研究还有很大空间。

多节点多关系网络打破了传统同构网络的单一局限性，对其进行分析可以挖掘出隐藏的丰富信息，但其特性使得社团划分算法面临不少挑战：①网络具有多种类型的节点与关系，如何融合多层网络、合理有效地利用混合网络中的拓扑结构信息和节点属性信息是面临的首要问题（Sun and Han，2009）；②网络规模大，现实网络节点数量众多且其之间关系稀疏，设计出一个适用于大规模网络且划分效果好的算法面临更大的困难；③存在一定量的无连接的同类型节点或关系，不利于相似度度量的计算；④目前对重叠社区进行识别的算法并不多，但在实际网络中，一个节点很有可能同时属于多个社区，需要利用有效的算法对其进行区分。这些都导致研究异构网络的社团划分算法十分具有挑战性（张正林，2017），这也是今后研究需要解决的难题。

三、多节点多关系网络社团划分的应用

多节点多关系网络的社团划分研究不仅具有理论意义，在实际应用中也具有可行性和有效性。研究者将社团划分方法应用于各个领域来发现社团结构以解决实际问题。此处选取社交媒体、学术网络、欺诈检测三个常见领域，对研究者在各领域常用的社团划分方法进行阐述。

（一）社交媒体

社交媒体网络的迅速发展使得其节点众多、关系错综复杂，对其进行社团划分在好友推荐、舆情监测等方面都具有现实意义，并且可以从网络层面了解各个社团并将它们与现实生活相关联（Karatas and Sahin，2018）。社交网络中的一个关键任务就是推荐系统，社团划分的任务就是对志同道合的人进行划分。基于概率生成模型的方法是基于社团结构的推荐系统中最常用的方法，通过识别相似用户，根据用户的共同特征进行精准推荐，该方法可以优化协同过滤方法存在的数据过载、推荐效率低等问题（张海涛等，2020）。陈毅将贝叶

斯非参混合模型（BNPM）方法应用于好友推荐中（陈毅，2016），与传统好友推荐算法相比取得较优的效果，同时提高了推荐效率。

（二）学术网络

随着对科学结构研究的逐渐深入，构建关于作者、文献、关键词等节点和作者合作、文献引用、文献关键词隶属等关系的混合网络并进行社团划分，可以了解更多的学者结构信息，展示不同角度的社团结构，为全面清晰地揭示科学共同体、科研结构、某一学科的发展脉络提供依据，这也成为学术网络研究领域的一个新视角。很多学者利用概率生成模型、元路径、种子节点方法在DBLP 数据集上应用他们提出的多节点多关系网络社团划分算法（薛维佳，2020；Du et al.，2015；Huang et al.，2019）以验证算法的有效性。张正林构建了包含论文、作者、关键词、期刊四种节点以及论文引用、论文–作者著作、论文–关键词包含、论文–期刊发表四种关系的混合网络，基于元路径抽取和种子节点的方法进行社团划分后，对比作者社团和论文社团发现"论文社团规模较小，研究领域单一；作者社团规模较大，研究领域分散"（刘殿中，2020）。

（三）欺诈检测

欺诈检测在电信网络、医疗保健等领域有着广泛的应用。在各类欺诈检测中，均涉及节点众多、数据量大且分布不均的问题，传统的异常检测方法很难检测出异常，而多节点多关系网络的社团划分方法在有效简化问题的同时，能够更多地关注节点间的关系，为欺诈检测提供了新的方向。扩展模块度算法是该场景下最常使用的方法（栾婷婷，2019；刘殿中，2020），栾婷婷将普通住院数据中的医生和药品建模为混合加权网络，利用模块度优化算法将医生和药品划分到相应的社团，最后再通过医生和药品社团的对比，发现异常医生，实现医疗保险领域的欺诈问题检测（栾婷婷，2019）。

四、多节点多关系网络的社团划分方法构建

针对上述目前多节点多关系网络社团划分算法中存在的问题，本节提出了基于元路径抽取、种子节点、扩展模块度算法的重叠型社团划分算法（MetaPath Extraction，SeedNodes and Modularity Extension-SLPA Community Detection Algorithm，

MESME-SLPA），并选取学术混合网络开展方法的构建。具体步骤如下：①构建多节点多关系网络；②基于元路径计算节点间边权重；③选取种子节点；④依据模块度确定种子节点标签；⑤确定非种子节点标签；⑥基于 MESME-SLPA（Speaker-Listener Label Propagation Algorithm）算法的最终社团划分。具体流程如图 4-29 所示。

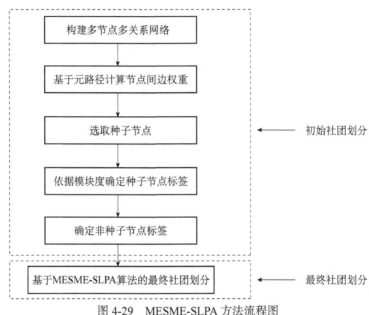

图 4-29　MESME-SLPA 方法流程图

（一）构建多节点多关系网络

根据需求选取多个节点并构建包含节点间关系的学术混合网络，其节点可能为文献（P）、作者（A）、关键词（K）或期刊（C）等，节点间包含作者–文献著作关系、文献引用关系、作者合作关系、作者引用关系、文献–期刊发表关系、关键词–文献包含关系等。如图 4-30 所示，构建包含两种节点类型（A、B）的一个混合网络。

（二）基于元路径计算节点间边权重

对 A、B 两种类型节点抽取元路径：A-A，A-B-B-A，B-B 等，如图 4-31 所示。

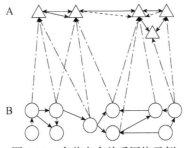

图 4-30 多节点多关系网络示例

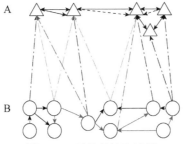

图 4-31 元路径抽取示例

在学术网络中，对于作者和文献两种类型节点，作者之间的关系可以用以下两条元路径链接："作者–文献–作者"表示作者合著一篇论文，即作者间的合作关系；"作者–文献–文献–作者"表示作者间的引用关系。选择不同的元路径，作者之间的相似性是不同的，进而会导致不同的社团划分结果。因此，基于混合网络的社团划分应该充分考虑各元路径所包含的不同语义信息。

针对学术网络存在的节点类型，抽取了文献、作者、关键词、期刊等节点可能存在的元路径，其中，分别用 P、A、K、C 来代表文献、作者、关键词及期刊，具体的边权重计算方式如表 4-15 所示。

表 4-15 元路径选取及含义

元路径	代表含义
P→A	文献-作者著作关系
$P_i \rightarrow P_j$	文献引用关系
P→C	文献-期刊发表关系
K→P	关键词-文献包含关系
$A_i \leftarrow P \rightarrow A_j$	作者合著关系
$A_i \leftarrow P_m \rightarrow P_n \rightarrow A_j$	作者引用关系

针对"文献–作者"（P→A）型元路径，计算作者对文献的贡献度作为边权重〔Sim(A_iP_j)〕。目前，计算作者贡献度的方法大体上可分为简单测度法、基于作者署名次序的测度法、基于作者贡献要素的测度法等（丁敬达和王新明，2019）。简单测度法比较简易且易于掌握，但会夸大或忽略部分作者的贡献；基于作者署名次序的测度法根据排名顺序确定作者的贡献度，存在一定的合理性，但这种机械的计算方法有时无法真实地反映每个作者的贡献度；基于作者贡献要素的测度法一般以文献中的作者贡献声明为对象进行定量讨论，但目前尚无可行的计算方法（马云彤，2012）。考虑到实际可操作性，本研究采用了基于作者署名次序的测度法，已有研究证明，在基于作者署名次序的测度法中，调和计算法（harmonic counting，HC）对科研工作者评价的普适性更强（樊向伟和肖仙桃，2015）。因此，该研究选取调和计算法来计算每位作者对文献的贡献度，在包含 N 位作者的第 j 篇文献中，第 i 位作者的贡献度，即第 i 位作者与文献 j 的边权重为：

$$\text{Sim}\left(A_iP_j\right) = \text{Weight}\left(A_iP_j\right) = \frac{\dfrac{1}{i}}{1+\dfrac{1}{2}+\cdots+\dfrac{1}{N}} \tag{4-16}$$

针对"文献–文献"（P_i→P_j，即文献引用关系）型元路径，利用线性判别分析主题模型对文献的标题、摘要、关键词文本建模得到文本的主题概率向量，再使用詹森–香农（Jensen-Shannon，JS）距离函数计算文本主题概率向量的相似度作为边权重值〔Sim(P_iP_j)〕。线性判别分析主题模型是由 Blei 等提出（Blei et al.，2003）的非监督机器学习技术，其优点是可以挖掘大规模文档中的潜在词或者挖掘在没有相同词的情况下两个文档间的联系。它是一个包含"文档–主题–词"结构的贝叶斯概率模型，其思路是将一个文本表示为各主题的多项分布，其中每个主题表示为词汇表中词汇的多项分布（Hajjem and Latiri，2017），这就使得每个文档都被视为一个向量，易于使用与计算（程元塑等，2019）。其生成文档的过程可简单由图 4-32 表示。

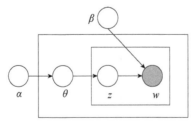

图 4-32　线性判别分析的图形模型表示

　　线性判别分析中的主题概率向量遵循狄利克雷分布，如果利用余弦相似度法来计算文档之间距离将会丧失主题模型中的优点（Jia and Liu，2009），所以本研究采用可以度量概率分布距离的相似度函数（王春龙和张敬旭，2014），即詹森-香农距离函数来定义文献的主题概率向量 $m=(m_1,p_2,\cdots,m_k)$ 到 $n=(n_1,n_2,\cdots,n_k)$ 的距离，m、n 为文献 P_i 和 P_j 的主题概率分布，其计算如式（4-17）所示：

$$\text{Sim}(P_iP_j)=D_{js}(P_i,P_j)=\frac{1}{2}\left(\sum_{o=1}^{k}m_o\ln\frac{m_o}{m_o}+\sum_{o=1}^{k}n_o\ln\frac{n_o}{n_o}\right) \qquad (4\text{-}17)$$

　　针对"文献-期刊"（P→C）型元路径，因为一篇文献仅在一种期刊上发表，因此文献-期刊节点的边权重值为1。

　　针对"关键词-文献"（K→P）型元路径，一篇文献包含多个关键词，每个关键词与文献的边权重即该篇文献关键词总数的倒数。

　　针对"作者-文献-作者"（A_i←P→A_j）型元路径，即作者合作相似度[Simco(A_iA_j)]，根据作者-文献边权重值进行计算，如式（4-18）所示。其中，在文献数量为 N 的数据集合中，$\text{Sim}(A_iP_m)$ 代表作者 A_i 与文献 P_m 的相似度，$\text{Sim}(A_jP_m)$ 代表作者 A_j 与文献 P_m 的相似度。

$$\text{Simco}(A_iA_j)=\sum_{m=1}^{N}\text{Sim}(A_iP_m)\times\text{Sim}(A_jP_m) \qquad (4\text{-}18)$$

　　针对"作者-文献-文献-作者"（A_i←P_m→P_n→A_j）型元路径，即作者引用相似度[Simcit(A_iA_j)]，根据作者-文献、文献-文献的边权重值进行计算，计算方式如式（4-19）所示。其中，在文献数量为 N 的数据集合中，$\text{Sim}(A_iP_m)$ 代表作者 A_i 与文献 P_m 的相似度，$\text{Sim}(P_mP_n)$ 代表文献 P_m 与文献 P_n 的相似度，$\text{Sim}(A_jP_m)$ 代表作者 A_j 与文献 P_m 的相似度。

$$\text{Simcit}(A_iA_j)=\sum_{m=1}^{N}\left\{\text{Sim}(A_iP_m)\times\text{Sim}(P_mP_n)\times\text{Sim}(A_jP_n)\right\} \qquad (4\text{-}19)$$

其中，对于拥有多条元路径的节点，根据元路径出现的概率对多条元路径进行加权融合。比如，针对作者-作者节点，包含作者合作与作者引用两条元路径，对于作者合作关系和引用关系融合权重的分配，计算方式如式（4-20）所示。其中，α 为相似度融合参数，利用存在概率确定权重，分别计算元路径 A_i←P→A_j 与 A_i←P_i→P_j→A_j 存在的概率。换言之，对于作者 A_i 和 A_j，计算两位作者分别通过作者间合作与作者间引用建立关系的次数，α 为通过作者合作建立关系的概率。

$$Weight\left(A_iA_j\right)=Sim\left(A_iA_j\right)=\alpha Simco\left(A_iA_j\right)+\left(1-\alpha\right)Simcit\left(A_iA_j\right)$$

（4-20）

（三）社团划分方法

1. 选取种子节点

种子节点的选取是混合网络社团划分过程中的关键环节，其对社团划分的效果有着直接影响。在同构网络中，节点强度由节点的度决定；在混合网络中，同种类型的节点之间可能不存在直接连接关系，因此本算法种子节点的选取由节点强度作为判断依据，节点强度是由节点度与其二阶邻居共同决定的，计算如式（4-21）所示。

$$S_i=D_i+\sum_{j\in N_i}D_j$$

（4-21）

其中，S_i 表示节点 i 的节点强度，D_i、D_j 分别表示节点 i、j 的节点度，N_i 表示节点 i 的邻居节点集合，j 表示节点 i 的某一邻居节点。

计算所有的节点强度后，选取一类节点作为中心节点类型，选取该类型节点中节点强度排名靠前的一定百分比的节点作为种子节点，选取示例如图 4-33 所示。其中，种子节点选取的百分比最佳选取数值需要通过实验确定。

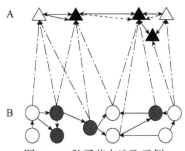

图 4-33　种子节点选取示例

2. 确定种子节点标签

对种子节点进行社团划分，可以得到整个网络的社团划分数量，且可简化计算量，降低复杂度。因为选取的种子节点为单类型节点，所以确定种子节点的标签采用已有的算法进行种子社团的划分。

Yang 等（2016）将 igraph 包里的 8 种社团划分算法（Louvain、Infomap、Leading Eigenvector、Label Propagation、Multilevel、Walktrap、Spinglass、Edge

Betweenness）做了比较，发现 Louvain 算法的表现最佳。Louvain 算法的思路如下：①假定每个节点都为一个独立社团；②随机选择节点 i，将该节点添加到能使模块度增量值为正且最大的邻居社团中，如果模块度增量值为负，则不变动节点 i 的位置；③将节点合并后产生的社团作为新的节点，新节点之间的权重为社团内节点间的权重和；④重复上述流程，直至模块度增量值不再变动。

但是 Louvain 算法存在一个主要的缺陷，即它划分出同一个社团中的节点可能是不存在连接的。例如，Louvain 算法会将与社团中的其他文献均不存在引用关系的文献划分到同一个社团之中。2019 年，Traag 等针对 Louvain 算法会划分出链接不良社区的问题，提出了 Leiden 算法（Traag et al.，2019），Leiden 算法有更多的空间来识别高质量的分区。重复以上步骤，直至没有进一步的改进，研究证明 Leiden 算法在时间耗费和社团质量方面都优于 Louvain 算法（李纲等，2021）。

因此，在本节研究中选取 Leiden 算法作为种子节点社团划分的算法。通过调用 Python 中的 Leidenalg 软件包实现该算法，Traag 在 GitHub 中上传了算法的源代码（https://github.com/vtraag/leidenalg），相关使用注意事项及问题可以参考 Leidenalg 社区的信息（https://github.com/vtraag/leidenalg/issues）。

3. 确定非种子节点标签

基于上一步骤种子节点划分得到的种子社团，遍历所有非种子节点，分别计算非种子节点对于每个种子社团的隶属度 p，并将其添加到 p 值最大的社团中。隶属度 p 值的计算方式如下：如果非种子节点的邻居节点存在于种子社团中，则分别计算非种子节点与种子社团中所有邻居节点的边权重之和，将其加入边权重和最大的种子社团中；如果非种子节点的邻居节点均不在种子社团中，则将非种子节点加入与其边权重值最大的节点所在的社团之中。根据以下公式确定非种子节点 j 的标签：

$$L_j = \begin{cases} L_i, & i = \mathrm{argmax} \sum_{i \in C_i} W_{ij}, & i \in N_j \\ L_j, & j = \mathrm{argmax}\, W_{ij}, & i \notin N_j \end{cases} \tag{4-22}$$

其中，i 为种子节点，j 为非种子节点，L_i、L_j 分别为节点 i、j 的标签，W_{ij} 表示节点 i 与 j 的边权重，C_i 表示种子节点 i 所属的社团，N_j 表示非种子节点 j 的邻居节点。

4. 基于改进标签传播算法的最终社团划分

SLPA 算法是一种社团划分算法（Xie et al.，2011），它是对标签传播算法的拓展。SLPA 算法中引入了信息接收者（listener）和信息提供者（speaker）两种概念，随意选定某个节点成为信息接收者，其全部相邻节点都为信息提供者。改进后的 SLPA 算法的具体步骤是：①基于上述初始社团的划分，每个节点都有一个初始社团标签，随机选取节点作为信息接收者；②计算该信息接收者的所有信息提供者中每个标签出现的次数，对于每个标签而言，将其出现的次数与两节点之间的边权重相乘，选择值最大的标签加入信息接收者节点的存储器中，存储器中存储该标签及其出现的次数；③重复以上步骤，迭代 t 轮后，若该节点标签数量为 1，则不进行筛选，否则将该节点中出现概率小于 r 的标签删除，其余标签作为最终节点标签，以实现重叠社团的划分（图 4-34）。

图 4-34　改进的 SLPA 算法

原始 SLPA 算法所选节点的每个邻居随机选择概率正比于该标签在其存储器中出现频率的标签，即计算所有信息提供者节点中出现概率最高的 k 个标签，发送给信息接收者加入存储器中，未考虑信息接收者节点与信息提供者节点的边权重，如若两节点边权重不高，而将信息提供者节点出现概率最高的 k 个标签发送给信息接收者，易造成划分结果的不准确性。本研究改进的 SLPA 算法同时考虑了信息接收者与其每个信息提供者的边权重以及标签出现次数，根据两者相乘值的高低选取相应的信息提供者节点进行标签的发送与存储，同时设定阈值 r 使得最后识别出的社区可包含多个标签，即可识别重叠社团。

经过上述一系列步骤，最终将所有节点划分到两个混合社团中，其中 B 类节点中间约 3 个节点是重叠节点，同时属于两个社团（图 4-35）。

综上，本研究提出了基于元路径抽取、种子节点、扩展模块度算法的重叠型社团划分算法 MESME-SLPA，其伪代码如方法 1 所示。

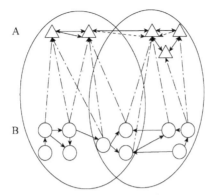

图 4-35　重叠社团示例

方法 1　多节点多关系网络社团划分算法 MESME-SLPA

输入：元路径 path 及相应的多个邻接矩阵 A_1，A_2，…节点总数 Sum，种子节点类型 Seednode_type，种子节点数 Seednode_num，标签出现的概率 r，迭代次数 t

输出：各节点标签 L_i

根据需求选取节点及关系，构建多节点多关系的混合网络

基于元路径计算节点间边权重矩阵 A

for each node i do:

　　计算节点 i 的节点强度 S_i

end for

确定种子节点集合 Seed 和种子标签

for each node $i \wedge i \notin$ Seed do

　　根据式（3-3）确定节点 i 的初始社团标签 L_{init}

end for

for $t = 1$：t do

　　for $i = 1$：Sum do

　　　　随机选定 listener 节点及其 speakers 节点

　　　　for $j = 1$：speakers.len do

　　　　　　计算该 listener 的所有标签出现次数与两节点间边权重的乘积 EdgeW，选取 max(EdgeW) 对应的标签加入存储器

　　for $i = 1$：Sum do

　　　　保留标签出现概率大于 r 的节点标签 L_{final}

end for

（四）算法对比

为验证该方法的有效性和可行性，本研究选取 DBLP 数据集进行验证，并选取现有的混合网络社团划分方法 Hete-LPA、Hete_MESC（张正林，2017）、HCD_all（Shi and Yu，2017）算法进行对比。

1. 数据集介绍

DBLP（Shi and Yu，2017）数据集是提供计算机科学期刊和论文集的开放书目信息集合，主要涉及以下四个领域：数据库、数据挖掘、信息检索和人工智能，它是一个由文献 P、作者 A、会议 C、术语 T 四类对象组成的混合信息网络，包含作者–文献著作关系（A-P）、文献–会议发表关系（P-C）、文献–术语包含关系（P-T），示意图如图 4-36 所示。该数据集包含 14 376 篇文献、20 个会议、14 475 位作者、8920 个术语、总计 170 794 条连边。

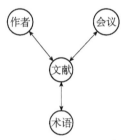

图 4-36　DBLP 数据集

2. 实验设计

为证明该算法的有效性，本研究选择现有较为经典、对比性强的混合网络社团划分算法来进行比较，分别是 Hete-LPA、Hete_MESC、HCD_all 算法。由于这些算法均选取作者节点为中心节点进行社团划分，因此此处同样选取作者为中心节点，围绕作者构建 A-P-A、A-P-T-P-A、A-P-C-P-A 元路径。

各节点间的边权重计算方式如前文所述，具体如下：作者对文献的贡献度作为作者与文献节点的边权重；由于文献仅发表在一个会议上，所以文献与会议节点的边权重为 1；通过每篇文献包含的术语利用标签传播算法模型计算基于术语的文献与文献节点的边权重。基于这三个基本数据，根据选取的元路径，计算作者与作者节点的边权重，三条元路径的权重根据其出现的概率进行融合计算。计算完成后，应用 MESME-SLPA 算法在 DBLP 数据集上进行非重叠社团划分实验。对比算法的具体介绍如下。

（1）Hete-LPA 算法。该算法将同构网络中的标签传播算法应用于混合网络中，通过标签的传递进行社团划分。

（2）Hete_MESC 算法。该算法根据需求选取中心节点，从网络中抽取出关于中心节点的多路网络后对其进行社团划分，将划分结果作为种子社团，根据其他类型节点与种子社团之间的相似度最终实现所有节点的社团划分。

（3）HCD_all 算法。该算法通过矩阵相乘将混合信息网络映射为同构信息网络，基于 PathSim 计算节点边权重，采用改进的标签传播算法将基于多条元路径的社团划分结果进行融合，再利用模块度优化算法获得最终社团划分结果。

3. 结果对比

为了评估准确性，本研究使用了 Gao 等标注的 DBLP_four_area 数据（Gao et al.，2009），该数据集对 DBLP 数据集中的 4057 位作者、100 篇论文和所有 20 个会议进行了领域标记，将其作为节点的标准社团划分结果。同时选取标准化互信息、模块度 Q 对社团划分结果进行评价，结果如表 4-16 所示。

表 4-16　不同社团划分算法的实验结果对比

算法	标准化互信息	模块度 Q
Hete-LPA	0.5799	0.4997
HCD_all	0.6797	0.5412
Hete_MESC	0.7363	0.5492
MESME-SLPA	0.8125	0.5734

实验结果表明，本研究的算法 MESME-SLPA 在标准化互信息和模块度 Q 值上均高于其他算法，社团划分效果更佳，具有一定的先进性。

本节主要介绍了多节点多关系网络的社团划分方法 MESME-SLPA，该方法基于元路径、种子节点和 SLPA 算法构建，首先基于元路径计算各节点之间的边权重，其次根据节点强度选取种子节点，然后通过 Leiden 算法确定种子节点标签，接着计算非种子节点与种子社团之间的归属度以确定非种子节点标签，最后基于改进的标签传播算法完成最终的社团划分，识别出重叠社团。该方法具有以下三个特点：①同时利用网络拓扑结构和文本语义信息；②满足网络混合性要求，混合网络包含不同类型的节点和不同的关联关系，所提方法能够根据节点间的关系同时对所有类型节点进行社团划分；③可以识别出重叠社团。为验证该算法的可行性和有效性，本研究选取 DBLP 数据集，围绕作者构建 A-P-A、A-P-T-P-A、A-P-C-P-A 元路径，选择 Hete-LPA、Hete_MESC、HCD_all 算法做对比实验，实验结果表明，本研究提出的 MESME-SLPA 算法优于以上算法，且该算法适用于大规模网络。

五、实证分析

本章节将 MESME-SLPA 算法应用于基因编辑技术领域的作者–文献学术混合网络中进行重叠社团划分，采用扩展模块度评估社团划分效果，并利用 Gephi 软件可视化社团划分结果，从各社团的研究方向、主要社团节点、重叠社团、不同网络的社团划分结果四个方面对本研究的社团划分结果展开分析，验证 MESME-SLPA 算法的有效性以及作者–文献混合网络构建的必要性，具体流程如图 4-37 所示。

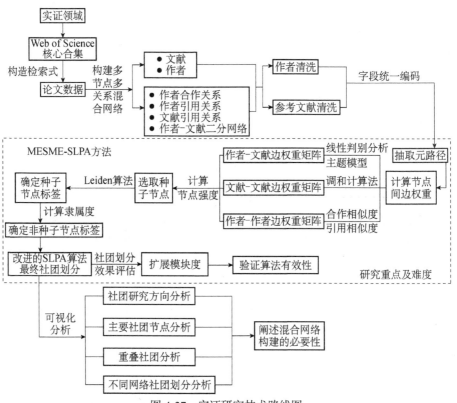

图 4-37　实证研究技术路线图

随着对科学结构研究的逐渐深入，构建关于作者、文献、关键词等节点和作者合作、文献引用、文献关键词包含等关系的混合网络，并对其进行社团划分，可以了解更多的学者结构信息，展示不同角度的社团结构，为全面清晰地揭示科学共同体、科研结构、某一学科的发展脉络提供依据，成为学术网络研究领域的一个新视角。本研究选取基因编辑技术领域，选取文献、作者两类节点，构建包含文献与作者著作关系、作者合作关系、文献引用关系、作者引用关系四种关系的混合网络，如图 4-38 所示。

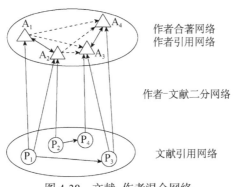

图 4-38　文献–作者混合网络

（一）实证领域选择

本研究选取基因编辑技术领域的数据作为分析对象，基因编辑技术是指对基因组进行定点修饰的技术手段，诞生于 20 世纪 80 年代初，《科学》（Science）称其"将对许多领域的研究产生革命性影响"（赵浚吟和杨辰毓妍，2019）。截至目前，基因编辑技术可以分为三代：第一代是锌指核酸酶技术（ZFNs）（Bibikova et al.，2001；Chandrasegaran and Carroll，2016），第二代是类转录激活因子效应物核酸酶（TALENs），第三代是 CRISPR/Cas 系统（Jinek et al.，2012；陈云伟等，2021）。CRISPR/Cas 的相关工作始于 2012 年，当时 Doudna J A 与 Charpentier E 团队在《科学》上发表了一篇有关使用 CRISPR/Cas 系统在体外精确切割 DNA 的文献，她们的这项研究工作只用了 8 年时间就获得 2020 年诺贝尔化学奖，其中的 CRISPR 技术被《科学》期刊列入 2015 年十大科学突破之一，展现出这一领域的重要研究价值和强劲的发展势头。与此同时，CRISPR/Cas9 的衍生工具 DNA 单碱基编辑（base editor）技术和引导编辑（prime editing）技术的问世使得基因编辑技术的发展达到了新的高潮。现如今，在研究人员对基因编辑技术的不断优化和发展下，它在疾病诊断与治疗、农作物育种、能源与材料开发、病毒检测等领域都拥有巨大的应用前景（陈云伟等，2021）。

选取该领域的数据作为研究对象，揭示出该领域的学术团体和科学结构，对了解该学科的后续发展具有一定的指导作用。此外，考虑到数据的可获取性和适用性，该领域已有大量的相关研究，具备一定规模的数据基础，因此本研究选取基因编辑技术领域的论文作为分析对象。

（二）数据获取与数据预处理

1. 数据获取

选取 Web of Science 数据库（核心合集），采用陈云伟等（2021）在基因编辑技术相关进展研究中制定的检索式，具体如下：TS=(((Genome OR Gene OR Genetic OR DNA OR RNA)NEAR/2 Editing)OR "base editing" OR Meganuclease* OR "Homing Endonuclease*" OR "Zinc Finger Nuclease*" OR ZFN* OR (Transcription* Activator* Like Effector Nuclease*)OR ((Genome OR Gene OR Genetic OR DNA OR RNA)AND (TALEN* OR (TALE* AND "Transcription Activator*"))) OR "Clustered Regularly Interspaced Short Palindromic Repeat*" OR CRISPR*)。文献类型：研究论文、综述、会议论文；检索日期：2020 年 6 月，最后导出 25 829 条纯文本记录，对论文数据进行统计分析后如图 4-39 所示。

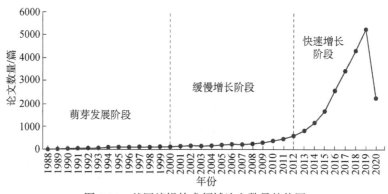

图 4-39　基因编辑技术领域论文数量趋势图

基因编辑技术领域的发文量总体增长趋势明显，具体可划分为三个阶段：第一阶段（1988～2000 年）为萌芽发展期，这一时期的年均发文量少于 130 篇；第二阶段（2000～2012 年）为缓慢增长期，这一时期的年均发文量开始逐步上升，并于 2012 年实现较大幅度跃升；第三阶段（2012～2020 年）为快速发展期，发文量呈爆发式增长，2012 年 CRSPR 技术成果的发表，致使该时间段发文量增长迅速。

2. 数据预处理

对获取的文献数据进行初步清洗，去除未署名作者、撤稿和重复记录论文后，共得到文献 25 826 篇。

选择考虑到数据的可处理性和构建网络的可视化，该研究选取高被引论文和高影响力作者开展研究。高被引论文是指被引频率较高且周期较长的学术论文（马云彤，2012），是学术界高质量科研成果的代表，选择高被引论文作为主要研究对象，可以在一定程度上体现领域内的科研前沿与学科热点，能更有针对性且清晰地揭示科学结构。在文献计量学中，普赖斯定律（Price's Law）经常被用来确定具有高影响力的作者。在一般情形下，高影响力作者与高被引论文之间的分布规则相似（刘雪立，2012）。因此，本研究通过普赖斯指数筛选出高被引论文，利用式（4-23）计算出高被引论文的最低被引频次，n_{max} 代表所有文献中的最高被引频次，m 为选定的高被引论文的最低被引频次。本数据集中被引最高频次为 23 767 次，经计算高被引论文至少应被引用 115 次，根据此条件筛选出 1300 篇高被引论文。

$$m = 0.749 \times \sqrt{n_{max}} \qquad (4\text{-}23)$$

此外，为精准有效地揭示科学结构，提高分析的针对性，本研究仅对通讯作者开展研究。也就是说，对于一篇文献而言，只要其作者在本地数据集中担任过通讯作者即被筛选出。通讯作者是项目或课题的领导者，负责项目或课题设计、经费使用、论文把关等工作，并负责在投稿、外审及整个论文发表过程中与期刊编辑进行沟通（李凤芹，2010），通常是研究团队的负责人和领导者，是关键研究思路的提出者、建议者和把关者，对通讯作者进行社会网络分析，能有效揭示研究团队的合作引用及社团情况，更有利于清晰地揭示科学结构。

（1）作者清洗。根据数据集中的 AU（作者简称）、AF（作者全称）、ADR（作者地址）、OI（ORCID）、EM（通讯作者邮箱）字段进行作者字段的清洗。①筛选出的 1300 篇文献共有 10 465 位作者，将数据导入 DDA 中，进行初步清洗。运用 Field 菜单里的 list cleanup 工具对作者进行清洗：首先，选取 AF_Single 字段，匹配规则为 General，其匹配规则严格（项之间需 100%匹配）；其次，利用地址字段（ADR）验证匹配项，匹配规则为"Organization Names"，进行列表清洗，获取初步合并的集合。②人工核对验证。逐条进行验证，首先核对作者 ORCID 号，若一致则为同一作者；否则结合 ADR（作者地址）、EM（通讯作者邮箱）等进行验证清洗。③补全通讯作者全称。对所有作者进行清洗后，由于通讯作者字段是作者姓名简称，因此根据清洗后的作者全称将其补全，获得通讯作者的姓名全称。④将清洗后的作者字段与通讯作者全称字段进行匹配，从每篇文献中筛选出在本地数据集中担任过通讯作者的作者，构建每篇文献的通讯作者列表。

（2）参考文献清洗。由于在数据集中须构建文献引用关系，因此对参考文献进行清洗，确保文献一致。利用下载数据中的 CR（参考文献）、DI（DOI 编号）、AU（作者简称）、JI（出版物名称缩写）、PY（发表年份）字段对文献进行清洗。由于 CR 字段主要包含第一作者简称、文献发表年份、出版物名称缩写及文献 DOI 编号，因此设定如下清洗规则：首先根据 DOI 编号进行匹配，若一致，则认定为同一篇文献，标上同一编号；若不一致，则将 CR 字段中的第一作者简称、出版物名称缩写、文献发表年份与数据集中的每条记录进行匹配，若三者均一致，则认为是同一篇文献。至此，完成数据清洗，共获得 1300 篇高被引文献及 891 位通讯作者的数据。

（三）构建作者–文献混合网络

本研究选取通讯作者进行研究，下文所称作者均为通讯作者。针对文献–作者混合网络构建如表 4-17 所示的四条元路径，其中 P 表示文献节点，A 表示作者节点。

表 4-17　元路径选取及含义

元路径	代表含义
P→A	作者–文献著作关系
$P_i→P_j$	文献引用关系
$A_i←P→A_j$	作者合著关系
$A_i←P_i→P_j→A_j$	作者引用关系

基于以上四种元路径，分别计算作者与文献节点、文献与文献节点、作者与作者节点之间的边权重，构建作者–文献著作网络、文献–文献引用网络、作者–作者混合网络以及作者–文献混合网络。

1. 作者–文献著作网络

采用调和计算法计算作者对文献的贡献度并作为作者与文献节点的边权重 $W(A_iP_j)$。计算完成后，得到一个 891 × 1300 矩阵，即不重复的通讯作者共有 891 位，其中每一个值代表作者对该篇文献的贡献度。利用 Gephi 软件对作者–

文献著作网络进行可视化，共 2191 个节点 2367 条著作边，如图 4-40 所示。其中，绿色代表作者节点，红色代表文献节点，图中节点大小与发文量成正比。

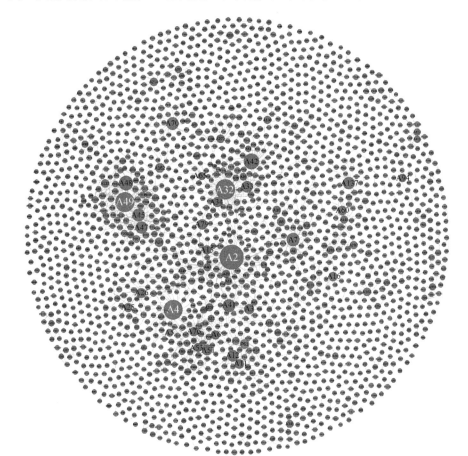

图 4-40　作者-文献著作网络（文后附彩图）

从作者-文献著作网络可以看出，贡献度排名前五的作者编号为 A2、A32、A4、A49、A42，它们的贡献度分别为 52、40、39、39、29。表 4-18 统计了他们的基本信息。

表 4-18　基因编辑技术领域发表论文 TOP5 通讯作者

TOP	作者	发表文献数量/篇	基本信息
1	Zhang F	52	美国国家医学科学院院士， 美国麻省理工学院理学院终身教授
2	Joung J K	40	美国哈佛大学教授，麻省总医院病理学家

续表

TOP	作者	发表文献数量/篇	基本信息
3	Doudna J A	39	美国加州大学伯克利分校教授，2020 年诺贝尔化学奖获得者
4	Gregory P D	39	蓝鸟生物公司首席科学家
5	Voytas D F	29	美国国家科学院院士，明尼苏达大学教授

该网络的平均度、网络直径、网络密度等特性如表 4-19 所示。计算发现，作者–文献著作网络的平均度仅为 2.161，即平均每位作者仅发表了 2.161 篇文献，说明整个网络发生著作关系比较低效；整个网络密度为 0.001，处于非常松散的状态，节点之间的交流传递差；平均路径长度为 8.287，平均聚类系数为 0，表明作者–文献著作网络不具备小世界的特征，网络结构松散。

表 4-19 作者–文献著作网络特性

平均度	网络直径	网络密度	平均路径长度	平均聚类系数	特征向量中心度
2.161	21	0.001	8.287	0	0.025

2. 文献–文献引用网络

文献与文献节点之间的边权重 $W(P_iP_j)$ 采用文献与文献之间的相似度进行表示。利用 LDA 主题模型对论文标题、摘要文本建模得到主题概率向量，再使用詹森–香农距离函数计算主题概率向量的相似度作为文献间的相似度。本研究的所有网络均为无向网络，未区分引用方向，只要文献间构成引用关系，即计算这两篇文献的相似度。该部分的实现基于 Python 中 Gensim 库的 LdaModel 模型，随后再通过詹森–香农距离函数计算相似度。计算完成后，得到一个 1300 × 1300 矩阵，对 1300 篇文献分别构建了引用关系，其中每一个值代表文献 1 与文献 2 的相似度。利用 Gephi 软件对文献–文献引用网络进行可视化，共 1300 个节点 13 458 条引用边，其中每一个节点代表一篇文献，节点越大，表示文献发生引用关系的次数越多，网络图如图 4-41 所示。

从文献–文献引用网络可以看出，贡献度排名前五的文献编号为 P2、P3、P4、P12、P6，它们分别与 310 篇、310 篇、280 篇、179 篇、162 篇文献存在引用关系，因为该网络不区分方向，所以该处的引用包括被引及施引关系。这 5 篇文献的具体信息如表 4-20 所示。

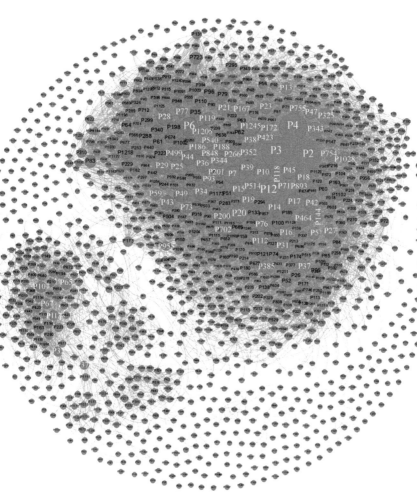

图 4-41　文献–文献引用网络（文后附彩图）

表 4-20　基因编辑技术领域论文引用关系 TOP5 文献

序号	文献	引用关系次数	发表期刊
1	Multiplex genome engineering using CRISPR/Cas systems	310	《科学》
2	A programmable dual-RNA-guided DNA endonuclease in adaptive bacterial immunity	310	《科学》
3	RNA-guided human genome engineering via Cas9	280	《科学》
4	DNA targeting specificity of RNA-guided Cas9 nucleases	179	《自然–生物技术》（*Nature Biotechnology*）
5	CRISPR provides acquired resistance against viruses in prokaryotes	162	《科学》

该网络特性如表 4-21 所示。计算发现，文献–文献引用网络的平均度为2.587，即平均每篇文献与 2.587 篇文献存在引用关系，说明整个网络发生引用关系较低效；整个网络密度为 0.003，处于非常松散的状态，节点之间的交流传递差，从图 4-41 也可以看出，边缘孤立节点较多。该网络的平均路径长度为 4.276，平均聚类系数为 0.715，具备小世界的特征，表明文献–文献引用网络中虽然大部分的节点彼此并不相连，但绝大部分节点之间经过少数几篇文献就可产生链接关系。

表 4-21　文献–文献引用网络特性

平均度	网络直径	网络密度	平均路径长度	平均聚类系数	特征向量中心度
2.587	11	0.003	4.276	0.715	0.072

3. 作者–作者混合网络

（1）作者–作者合作网络。计算作者间的合作相似度 Simco(A_iA_j)作为作者与作者节点间的合作边权重，基于元路径 $A_i \leftarrow P \rightarrow A_j$ 和作者–文献著作的边权重值计算作者间的合作相似度。计算完成后，得到一个 891×891 的矩阵，对891 位作者分别构建了合作关系，其中每一个值代表作者 1 与作者 2 的合作相似度。利用 Gephi 软件对作者–作者合作网络进行可视化，该网络由 891 位作者组成，相互之间存在 1109 条连线，其中每一个节点代表一位作者，节点大小与作者合作强度成正比，网络图如图 4-42 所示。

从图 4-42 中可以看出，该网络较为松散，只有中间的作者合作较为紧密集中，891 位作者中，340 位作者属于孤立节点，即与该数据集中的作者均未发生过合作。其中编号为 A2（Zhang F）、A49（Gregory P D）、A4（Doudna J A）、A32（Joung J K）、A45（Rebar E J）节点的合作次数排名前五，分别为 46 次、38 次、27 次、27 次、26 次。在所有产生合作关系的作者中，A48（Holmes M C）和 A49（Gregory P D）两位作者合作次数最多，为 25 次，两人都曾同在桑加莫治疗（Sangamo Therapeutics）公司任职，同事关系增加了他们的合作机会。

表 4-22 给出了基因编辑技术领域作者–作者合作的网络参数。计算发现，该网络的平均度为 2.489，即平均每位作者与 2.489 位作者有合作关系。整个网络密度值只有 0.003，整体松散，节点间的交流传递关系差。该网络的平均路径长度为 4.428，平均聚类系数为 0.713，具有较大的平均聚类系数和较短的平均路径长度，符合小世界网络的特征。

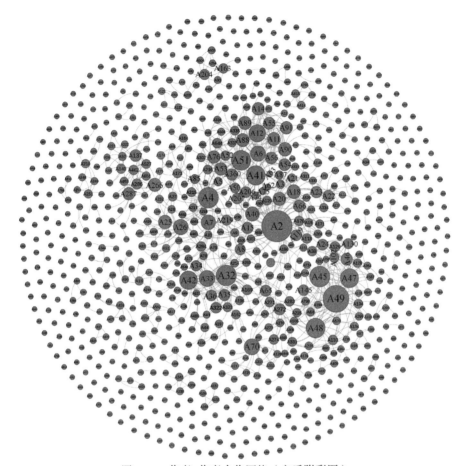

图 4-42　作者–作者合作网络（文后附彩图）

表 4-22　作者–作者合作网络特性

平均度	网络直径	网络密度	平均路径长度	平均聚类系数	特征向量中心度
2.489	10	0.003	4.428	0.713	0.049

（2）作者–作者引用网络。作者–作者的引用边权重通过作者之间的引用相似度 Simcit(A_iA_j)进行表示，基于元路径 $A_i \leftarrow P_i \rightarrow P_j \rightarrow A_j$ 和作者–文献著作边权重、文献–文献引用边权重进行计算，计算完成后，得到一个 891×891 的矩阵，对 891 位作者分别构建了引用关系，其中每一个值代表作者 1 与作者 2 的引用相似度。利用 Gephi 软件对网络可视化，该网络由 891 位作者、17 077 条边组成，节点的大小与作者发生引用关系的次数成正比，网络图如图 4-43 所示。

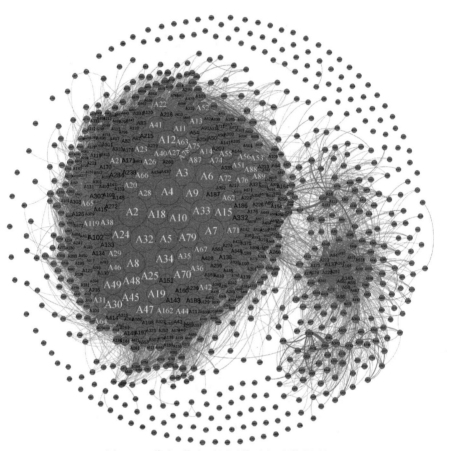

图 4-43 作者–作者引用网络（文后附彩图）

从图 4-43 中可以看出，该网络结构较为紧密，除 136 个孤立作者节点（即未与其他任何作者之间存在引用关系）外，其余作者间均存在引用关系。这些作者中编号为 A2（Zhang F）、A4（Doudna J A）、A3（Marraffini L A）、A7（Church G M）、A32（Joung J K）节点的引用次数排名前五，分别为 417 次、356 次、347 次、344 次、344 次。在所有发生引用关系的作者中，A2（Holmes M C）和 A4（Gregory P D）两位作者相互引用次数最多，高达 267 次。调研发现，这两位作者都曾同在桑加莫治疗公司任过职，而值得一提的是，这两位作者的合作次数为 0。

表 4-23 给出了作者–作者引用网络的网络参数。计算发现，作者–作者引用网络的平均度为 38.332，表明平均每位作者与 38.332 位作者存在引用关系，整个网络发生引用关系高效；网络直径为 7，网络密度值为 0.043，所有的作者

相互形成一个相对紧密联系的簇；平均路径长度为 2.536，平均聚类系数为 0.682，符合小世界网络的特征，网络结构紧密。

表 4-23　作者–作者引用网络特性

平均度	网络直径	网络密度	平均路径长度	平均聚类系数	特征向量中心度
38.332	7	0.043	2.536	0.682	0.132

作者–作者引用网络相较于作者–作者合作网络而言，其网络密度及平均度均高于后者，整个作者引用网络接近 85% 的节点是可连通的，而作者合作网络只有近 62% 的节点是连通的。虽然作者合作网络的平均聚类系数大于作者引用网络的，网络更为紧密，但需要注意的是，本研究对作者合作和作者引用总次数进行统计，对排名前 20 位的作者分别统计其合作和引用次数，结果如图 4-44 所示，可以看出所有作者的引用次数均远远高于合作次数，即作者关系的建立绝大多均基于引用关系而不是合作关系，这更表明了引用关系构建的必要性。

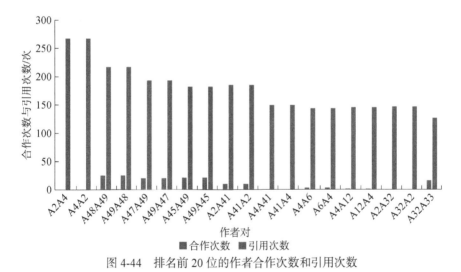

图 4-44　排名前 20 位的作者合作次数和引用次数

（3）作者–作者混合网络。基于作者合作相似度和作者引用相似度，计算作者–作者混合相似度 $Sim(A_iA_j)$，即作者与作者的边权重 $W(A_iA_j)$。计算完成后，得到 891×891 的矩阵，其中每一个值代表作者与作者节点的相似度。利用 Gephi 软件对网络可视化，该网络由 891 位作者、17 291 条边组成，网络图如图 4-45 所示。

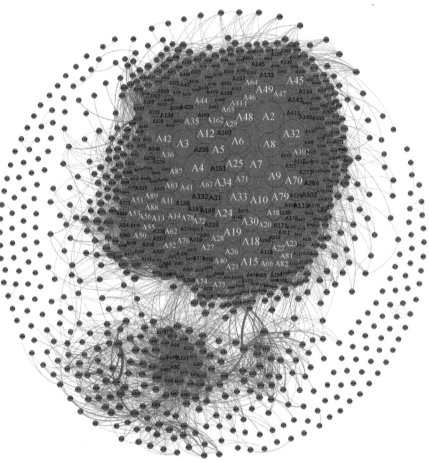

图 4-45　作者–作者混合网络（文后附彩图）

作者–作者混合网络相对作者–作者合作网络和作者–作者引用网络而言，仅有 103 个孤立作者节点，网络的混合使得作者间的联系增多。这些作者中编号为 A2（Zhang F）、A4（Doudna J A）、A3（Marraffini L A）、A32（Joung J K）、A7（Church G M）节点的合作与引用次数排名前五，分别为 417 次、356 次、347 次、346 次、344 次，将其与引用次数相比，除 A32 节点以外，其余作者均和与其具有引用关系的作者有过合作关系。

作者–作者混合网络的网络参数如表 4-24 所示，可以看出，作者–作者混合网络的平均度为 38.813，表明平均每位作者与 38.813 位作者发生过合作或引用关系；网络密度值为 0.044，均大于作者–作者合作网络和作者–作者引用网络，表明作者–作者混合网络结构更为紧密。根据平均路径长度和平均聚类系数可以看出，该网络结构紧密。作者–作者混合网络的平均聚类系数略低于作者–作者合作网络，略高于作者–作者引用网络。

表 4-24　作者–作者混合网络特性

平均度	网络直径	网络密度	平均路径长度	平均聚类系数	特征向量中心度
38.813	8	0.044	2.578	0.708	0.065

4. 作者–文献混合网络

基于上述作者–文献著作网络、文献–文献引用网络、作者–作者混合网络构建作者–文献混合网络，并利用 Gephi 软件对作者–文献著作网络进行可视化，共 2191 个节点 33 116 条边，如图 4-46 所示。其中，绿色代表作者节点，红色代表文献节点。

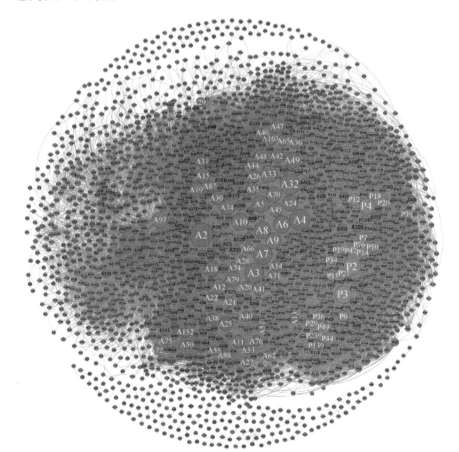

图 4-46　作者–文献混合网络（文后附彩图）

表 4-25 给出了作者–作者混合网络的网络参数，以及与作者–文献著作网络、文献–文献引用网络、作者–作者混合网络、作者–文献混合网络的参数对比。作者–文献混合网络的网络密度、平均聚类系数均大于作者–文献著作网络的，该网络明显更为紧密；相比文献–文献引用网络来说，虽然作者–文献混合网络的平均聚类系数较低，但其网络密度高于文献–文献引用网络，且平均路径长度低于文献–文献引用网络，短的平均路径长度更有助于信息的传播；与作者–作者混合网络相比，虽然其平均聚类系数、网络密度均较低，但作者与文献节点的混合，将挖掘到单一作者网络或单一文献网络无法挖掘到的现象，可以观察到更多的科学结构信息。各个网络的属性特征比较均表明了作者–文献著作网络构建的必要性。

表 4-25　作者–文献网络特性比较

网络	平均度	网络直径	网络密度	平均路径长度	平均聚类系数
作者–文献著作网络	2.161	21	0.001	8.287	0
文献–文献引用网络	2.587	11	0.003	4.276	0.715
作者–作者混合网络	38.813	8	0.044	2.578	0.708
作者–文献混合网络	30.229	10	0.014	3.261	0.451

（四）作者–文献混合网络的社团划分

根据 MESME-SLPA 算法对作者–文献混合网络进行社团划分。首先，根据节点强度选取种子节点，节点强度由节点度与其二阶邻居共同决定，需要注意的是，只选取一类型的节点作为种子节点，即每次只选取作者节点或文献节点作为种子节点，种子节点的类型及种子节点数量的确定在下方具体实验中确定；其次，根据扩展模块度算法进行种子节点的社团划分，本研究选取 Leiden 算法对种子社团进行划分；随后通过计算非种子节点与种子社团的隶属度进行非种子节点的社团划分，至此完成初始社团划分；最后，根据初始社团划分标签，利用改进的 SLPA 算法进行标签的传递与更新，依据标签出现概率 r 选取节点的最终标签，完成社团划分。具体的参数调节及实验结果将在后文中具体论述。

（五）作者–文献混合网络社团划分评价指标

我们已知，标准化互信息、调整兰德指数用来评价已经真实划分结果的社团，而本研究选用的基因编辑技术领域实证研究的作者和文献节点并没有标准划分结果，因此只能选取模块度 Q 来进行评估。模块度 Q 常用来评价未知真实结果的社团划分效果，但其仅适用于非重叠社团，并不能够准确评价非重叠社团划分效果。因此，本研究对社团划分效果的评价使用重叠社团评价指标——扩展模块度（EQ），EQ 取值范围为[0，1]，值越大社团划分效果越好，其计算公式如下：

$$EQ = \frac{1}{2m} \sum_{ij} \frac{1}{Q_i Q_j} \left[A_{ij} - \frac{k_i k_j}{2m} \right] \delta(C_i, C_j) \qquad （4-24）$$

其中，i 和 j 是任意两个节点，Q_i、Q_j 表示节点属于社团的数量，k_i、k_j 分别为节点 i、j 的度，m 为网络中的总边数。当两个节点直接相连时 $A_{ij}=1$，否则为 0；C_i、C_j 分别为节点 i、j 属于的社团，若两个节点属于同一个社团，则 $\delta=1$，否则为 0。

（六）实证结果

1. 参数调节

根据上述混合网络社团划分步骤，对作者–文献混合网络进行社团划分。表 4-26 统计了本研究所涉及的参数。

表 4-26 实证研究参数

参数	含义	取值范围
Seednode_type	种子节点类型	作者；文献
Seednode_num	种子节点数量	10%～100%
r	标签出现的概率	0.1～1.0
t	迭代次数	10～500

在初始实验中，所有实验的迭代次数均设置为 10，分别针对种子节点类型、种子节点数量、标签出现的概率数值的选取执行了四次实验。其中，实验一、实验二选取作者类型节点作为种子节点的实验结果，实验三、实验四选取文献类型节点作为种子节点的实验结果。

（1）实验一：作者类型种子节点数量的选取。当种子节点类型选择作者节点、标签出现概率为 0.1 时，探讨种子节点选取数量对社团划分结果的影响，选出最佳实验结果进行实验二。

（2）实验二：作者类型种子节点的标签出现概率值的选取。当种子节点类型选择作者节点时，基于实验一的结果，得到最佳的种子节点选取数量，探讨此时标签出现概率的取值对社团划分结果的影响。

（3）实验三：文献类型种子节点数量的选取。当种子节点类型选择文献节点、标签出现概率为 0.1 时，探讨种子节点选取数量对社团划分结果的影响，选出最佳实验结果进行实验四。

（4）实验四：文献类型种子节点的标签出现概率值的选取。当种子节点类型选取文献节点时，基于实验三的结果，得到最佳的种子节点选取数量，探讨此时标签出现概率的取值对社团划分结果的影响。

以上四个实验的结果如表 4-27 和图 4-47、图 4-48 所示。

表 4-27　实验结果对比

实验	种子节点类型	标签出现概率	种子节点数量	初始社团划分 Q	最终社团划分 Q	耗时/s
实验一	作者	0.1	10%	0.1849	0.3621	13.1540
			20%	0.1732	**0.3812**	13.0077
			30%	0.1633	0.3291	13.3086
			40%	0.1477	0.3273	12.8327
			50%	0.1647	0.3335	13.5319
			60%	0.1551	0.3290	13.2053
			70%	0.1526	0.3237	13.2839
			80%	0.1476	0.3324	13.7162
			90%	0.1460	0.3210	13.7074
			100%	0.1429	0.2958	14.2766
实验二	作者	0.1	20%	0.1732	0.3812	13.0077
		0.2		0.1732	0.3822	14.2993
		0.3		0.1732	**0.3844**	13.1280
		0.4		0.1641	0.3779	16.4229
		0.5		0.1696	0.3762	14.1011
		0.6		0.1732	0.3833	14.5872
		0.7		0.1732	0.3778	14.5742
		0.8		0.1732	0.3794	14.2104
		0.9		0.1732	0.3526	14.8099
		1		0.1732	0.1124	15.8301
实验三	文献	0.1	10%	0.1467	0.4397	13.0571
			20%	0.1533	0.4495	13.4417

续表

实验	种子节点类型	标签出现概率	种子节点数量	初始社团划分 Q	最终社团划分 Q	耗时/s
实验三	文献	0.1	30%	0.1392	0.4609	12.8253
			40%	0.1369	**0.4634**	13.4381
			50%	0.1267	0.4399	13.4762
			60%	0.1231	0.4563	13.7460
			70%	0.1125	0.4299	15.0143
			80%	0.1138	0.4506	15.8189
			90%	0.1098	0.4511	15.7147
			100%	0.1130	0.4519	16.9933
实验四	文献	0.1	40%	0.1369	0.4634	13.4381
		0.2		0.1342	0.4660	15.5439
		0.3		0.1472	**0.4722**	13.7256
		0.4		0.1418	0.4643	13.7288
		0.5		0.1338	0.4633	13.8768
		0.6		0.1358	0.4589	14.8403
		0.7		0.1342	0.4419	13.3503
		0.8		0.1271	0.4449	13.2662
		0.9		0.1275	0.3764	13.7776
		1		0.1368	0.0747	13.9845

表 4-27 中分别展示了经过非种子节点社团划分的初始模块度和基于改进 SLPA 算法后社团划分的最终模块度，结果显示，经过了改进 SLPA 算法的社团重构，其划分结果明显更优，说明社团重构的必要性，且整个实验耗时短、效率较高。

图 4-47 将实验一与实验三的结果进行了对比，两者实验的不同点在于种子节点类型的选取不同，实验一选取作者类型节点，实验三选取文献类型节点。结果显示，当选取作者类型节点作为种子节点、种子节点数量选取 20%时的社团划分结果最优，此后趋于平衡；当选取文献类型节点作为种子节点、种子节点数量选取 40%时的社团划分结果最优，此后趋于平衡。总体而言，选取作者类型节点作为种子节点的社团划分效果更好。再分别将两者的最优结果进行实验二与实验四。

图 4-48 将实验二和实验四的结果进行了对比。实验二的参数选择为选取作者类型种子节点、种子节点数量为 20%，实验四的参数选择为选取文献类型

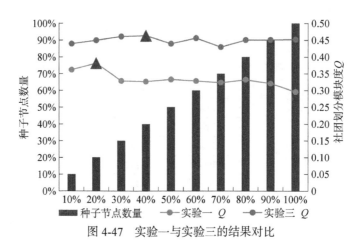

图 4-47 实验一与实验三的结果对比

种子节点、种子节点数量为 40%。结果发现，实验四的社团划分模块度总体高于实验二的社团划分模块度，且当标签出现概率为 0.3，即将各节点中出现概率小于 0.3 的标签删除，此时的社团划分效果最佳。

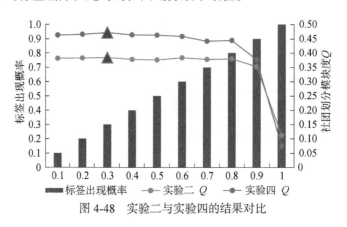

图 4-48 实验二与实验四的结果对比

基于以上基本参数的选取，本研究选取文献节点作为种子节点类型、种子节点数量为 40%、标签出现概率为 0.3，分别迭代 100 次、200 次、300 次、400 次、500 次，实验五的结果如表 4-28 所示。

表 4-28 实验五社团划分结果

实验	种子节点类型	种子节点数量	标签出现概率	迭代次数	初始社团划分 Q	最终社团划分 Q	耗时/s
实验五	文献	40%	0.3	100	0.1341	0.4837	24.7846
				200	0.1351	0.4813	32.5503
				300	0.1355	**0.4839**	43.3767

续表

实验	种子节点类型	种子节点数量	标签出现概率	迭代次数	初始社团划分 Q	最终社团划分 Q	耗时/s
实验五	文献	40%	0.3	400	0.1352	0.4749	52.5333
				500	0.1263	0.4741	61.2512

根据实验五可知，当选取文献节点作为种子节点类型、种子节点数量为40%、标签出现概率为0.3、迭代次数为300次时，社团划分模块度最高为0.4839。

2. 边权重调整

根据以上最佳实验结果，利用 Gephi 软件绘制网络图，如图 4-49 所示。

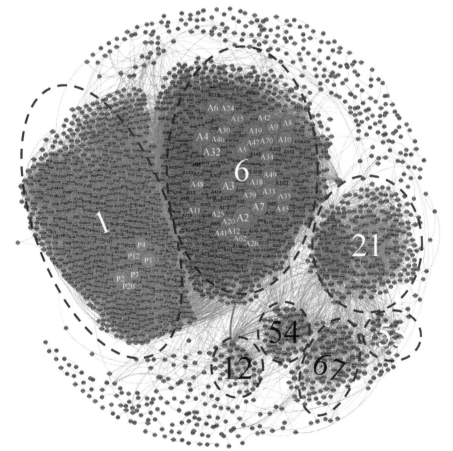

图 4-49 社团划分结果（文后附彩图）

观察此时的社团划分结果，发现划分出最大的两个社团——社团 1 和社团 6 中，作者与文献节点很少被划分在一起，分析原因如下：当遍历文献节点作为信息接收者时，因为文献–文献引用网络有 13 458 条边，而作者–文献著作网络只有 2367 条边，且作者与文献节点之间的边权重值相对于文献与文献节点之间的边权重值小，导致文献的邻居节点中绝大多数都是文献节点，在利用改进的 SLPA 算法统计每个标签的边权重乘积和时，数值相差明显，因此作者节点不能很好地被划分到文献节点之中；同理，当遍历作者节点作为信息接收者时，由于作者–作者混合网络有 17 291 条边，而作者–文献著作网络只有 2367 条边，同样导致作者节点的邻居节点中绝大多数都是作者节点，且边权重值较大，文献节点不能很好地被划分到作者节点中。

虽然这样的结果符合现实，因为一个作者可能只撰写过一篇文献，但文献与文献之间引用关系的频繁致使其与很多作者存在合作和引用关系，故文献节点与作者节点很少被划分到一个社团之中。但出于实际考虑，作者与文献节点的联系紧密度理应大于作者合作与作者引用的紧密度，作者与文献的撰写关系属于直接关系，而作者的合作与引用关系更偏向于是间接关系。因此，为更好地揭示研究学术团体构建的内在动因，本研究在此处将文献–作者节点的边权重与作者–作者节点的边权重、文献–文献节点的边权重保持在同一量级上，采取了对所有数据线性函数归一化、Z-score 标准化、直接将作者与文献节点的边权重扩大 10 倍三种方式分布进行实验。结果发现，直接将作者与文献节点的边权重扩大 10 倍时的社团划分效果最好，该实验的结果如表 4-29 所示。

表 4-29　实验六社团划分结果

实验	种子节点类型	种子节点数量	标签出现概率	迭代次数	初始社团划分 Q	最终社团划分 Q	耗时/s
实验六	文献	40%	0.3	100	0.2608	0.5063	13.5598
				200	0.2609	0.5015	22.9159
				300	0.2582	**0.5467**	34.2424
				400	0.2609	0.4911	44.5679
				500	0.2613	0.3706	55.4935

结果显示，此时社团划分模块度最高，为 0.5467，下文将对该社团划分结果进行具体可视化分析。

（七）可视化及分析

作者–文献节点边权重扩大 10 倍的最终社团划分可视化图如图 4-50 所示。共计 2191 个节点以及 33 116 条边构成的作者–文献混合网络，最终划分出 382 个社团，24 个重叠节点，其中最大社团含有 451 个节点，最小社团含有 2 个节点（即一篇文献和撰写该文献的作者）。为更好地阐述本社团划分方法在作者–文献混合网络中的有效性，本研究去除节点个数小于 20 的社团，对剩下的 6 个主要社团开展各社团研究方向、主要社团节点及重叠节点分析，并将选取的作者–文献混合网络与作者混合网络的社团划分结果进行对比，具体分析如下。

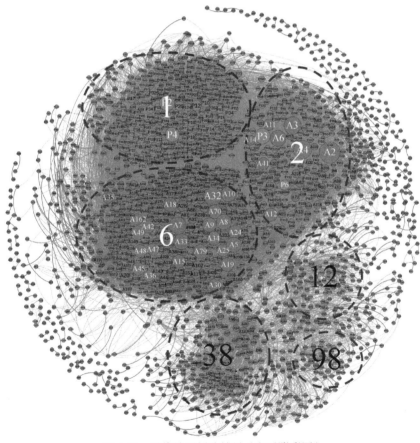

图 4-50　最终社团划分结果（文后附彩图）

1. 各社团研究方向分析

分别统计社团中文献关键词出现的频次，探讨社团研究方向（表 4-30）。

表 4-30　作者–文献混合网络社团关键词统计

社团标签	社团节点数	关键词
社团 1	351	CRISPR/Cas9、基因组工程、锌指核酸酶、TALE 核酸酶
社团 2	246	CRISPR、获得抗性、原核生物、大肠杆菌、嗜热链球菌
社团 6	451	锌指核酸酶、TALE 核酸酶、双链断裂、同源重组、CRISPR/Cas
社团 12	37	体细胞超突变、类别变换重组、活性化胞苷脱氨基化酶（AID）
社团 38	136	RNA 编辑、腺苷脱氨酶、双链 RNA、pre-mRNA
社团 98	35	拟南芥、mRNA、植物–线粒体、基因编辑

其中，社团 1 主要是对 CRISPR/Cas9 的理论内容研究，包括 CRISPR/Cas9 的开发、应用、前沿，以及基于该系统的基因组工程，且同时将 ZFNs、TALENs 与 CRISPR/Cas9 技术进行了对比研究。社团 2 的研究关键词包括 CRISPR、获得抗性、原核生物、大肠杆菌、嗜热链球菌。CRISPR/Cas 是细菌中演化出的一套适应性免疫系统，该社团即主要基于大肠杆菌和嗜热链球菌，研究 CRISPR 在原核生物中的获得性免疫功能与适应性防御机制。社团 6 的研究关键词为锌指核酸酶、TALE 核酸酶、双链断裂、同源重组、CRISPR/Cas 等，该社团主要是对锌指核酸酶、TALE 核酸酶、CRISPR/Cas 在基因组定向修饰中的应用、定向进化研究，以及双链断裂后 DNA 的同源重组修复方式研究、基于 TALE 核酸酶和 CRISPR/Cas 的靶向诱变研究、基因治疗等。社团 12 的研究内容主要集中于活性化胞苷脱氨基化酶，它是一种可以控制人类免疫系统生成抗体的基因，在获得抗体多样性方面发挥着重要作用，该社团主要对 AID 参与体细胞超突变、类开关重组过程的重要性以及其如何参与进行了研究，并对 AID 是如何促进抗体多样性进行了讨论。社团 38 围绕 RNA 编辑展开研究，RNA 编辑是转录后修饰常见的一种方式，腺苷脱氨酶是 A-to-I RNA 编辑的关键蛋白，它通过脱氨基作用将双链 RNA 中的腺苷基团转化为肌酐基团，导致核苷酸序列改变（陈柯竹等，2018），该社团的主要研究内容即 RNA 编辑的研究进展、腺苷脱氨酶的特性及其对 pre-mRNA 的催化作用等。社团 98 的研究关键词为拟南芥、mRNA、植物–线粒体、基因编辑，该社团的研究主要围绕拟南芥开展生长发育、基因编辑，以及拟南芥等植物线粒体中 RNA 编辑技术的影响与进化等，拟南芥被科学家称作"植物中的果蝇"（毛健民和李俐俐，2001），科学人员研究植物时常常选择拟南，因为它的基因序列已经被破译，易于实验。

基于以上分析可知，选择 1300 篇高被引论文以及其对应的 891 位通讯作

者构成的作者–文献混合网络，他们的研究内容主要集中于以下三个方面。①对
ZFNs、TALENs、CRISPR/Cas 系统三种基因编辑技术的研究。近年来，
ZFNs、TALENs 和 CRISPR/Cas 已广泛应用于生命科学与医学等领域，如基因
治疗、转基因育种等。②RNA 编辑技术。近年来呈研究上升趋势的 RNA 编辑
技术为 RNA 治疗提供了新的选择，RNA 编辑是指利用腺苷脱氨酶等在 RNA
水平上进行单碱基的校正，从而能够在完全不改变 DNA 序列的情况下校正蛋
白质水平，在治疗多种疾病的安全性和科学伦理方面具有优势。③线粒体基因
编辑技术。对与疾病相关的线粒体 DNA 突变建模，从而可以对线粒体源性疾
病展开治疗（陈云伟等，2021），以便更好地了解与癌症和衰老等相关的基因
变化（Mok et al.，2020）。

2. 主要社团节点分析

针对上述 6 个社团中的主要社团 2，选取其中代表性节点进行详细分析，
社团 2 中的节点如图 4-51 所示。

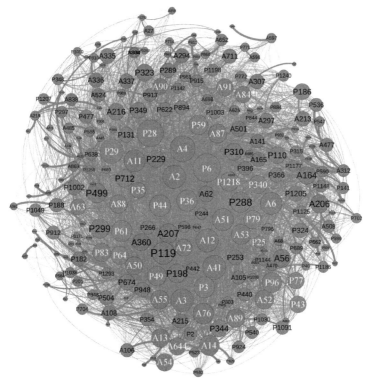

图 4-51　社团 2 的可视化展示（文后附彩图）

该社团的代表性节点编号、其对应的文献和作者及相关介绍如表 4-31
所示。

表 4-31 社团 2 的代表性节点分析

节点编号	对应文献/作者	对应作者	介绍
P6	CRISPR provides acquired resistance against viruses in prokaryotes	A11、A12	CRISPR 在原核生物中提供获得性抗病毒能力
P28	Small CRISPR RNAs guide antiviral defense in prokaryotes	A41	Small CRISPR RNA 指导原核生物的抗病毒防御
A4	Doudna J A	—	美国加州大学伯克利分校教授,2020 年诺贝尔化学奖获得者,开发 CRISPR/Cas9 基因组编辑方法
P29	Evolution and classification of the CRISPR-Cas systems	A41、A51、A6	CRISPR-Cas 系统的演化与分类
A41	Koonin E V	—	美国国立卫生研究院教授,十大最具影响力的生物医学研究人员之一,主要致力于测序基因组的比较分析和基因功能基因组的大规模自动注释
A2	Zhang F	—	美国国家医学科学院院士,美国麻省理工学院理学院终身教授,获阿尔伯尼生物医学奖。主要研究基因修饰技术 CRISPR/Cas9 的发展和应用,并率先获得美国专利
A12	Barrangou R	—	美国北卡罗来纳大学微生物学家、*The CRISPR Journal* 主编,主要研究 CRISPR 的免疫功能
A3	Marraffini L A	—	洛克菲勒大学细菌学实验室的教授和负责人,主要研究细菌中 CRISPR/Cas 免疫的机制
P119	RNA-Guided RNA cleavage by a CRISPR RNA-Cas protein complex	A88、A84、A89	由 CRISPR RNA-Cas 蛋白复合物引导的 RNA 裂解
A6	Charpentier E	—	马克斯·普朗克病原体科学研究所主任,获 2020 年诺贝尔化学奖,开发 CRISPR/Cas9 基因组编辑方法
A51	Bikard D	—	法国巴斯德研究所合成生物学小组组长,主要研究利用 CRISPR 技术改造细菌以对抗微生物病原体、CRISPR 技术如何消除抗生素耐药性

节点编号	对应文献/作者	对应作者	介绍
A11	Horvath P	—	杜邦营养与健康菌种高级科学家，获2018年鲍尔科学成就奖，主要研究CRISPR在细菌免疫系统中的作用
P44	The CRISPR/Cas bacterial immune system cleaves bacteriophage and plasmid	A12、A11	CRISPR/Cas 细菌免疫系统切割噬菌体和质粒
P61	An updated evolutionary classification of CRISPR-Cas systems	A41、A12、A51、A6、A11	CRISPR/Cas 系统的更新进化分类
P36	CRISPR RNA maturation by trans-encoded small RNA and host factor RNase	A6	CRISPR RNA 通过反式编码 small RNA 和宿主因子 RNase 成熟
P3	A Programmable dual-RNA-guided DNA endonuclease in adaptive bacterial immunity	A4、A5、A6	一种可编程双 RNA 引导的 DNA 内切酶在适应性细菌免疫中的应用
A76	Wiedenheft B	—	蒙大拿州立大学微生物学与免疫学助理教授，主要研究细菌用来保护自己免受噬菌体感染的机制以及噬菌体用来破坏细菌免疫系统的机制
P96	Phage response to CRISPR-encoded resistance in Streptococcus thermophilus	A14、A12、A11	嗜热链球菌中噬菌体对 CRISPR 编码抗性的反应
P288	Unravelling the structural and mechanistic basis of CRISPR-Cas systems	A53、A76	揭示 CRISPR/Cas 系统的结构和机制基础
A14	Moineau S	—	加拿大拉瓦尔大学教授，主要研究噬菌体的表征，主要贡献是揭开了细菌免疫系统的秘密

该社团主要是由 Zhang F、Doudna J A、Koonin E V、Barrangou R、Marraffini L A、Horvath P 等构成的科研团体，这些科研人员主要针对 CRISPR 的免疫机制进行研究。值得注意的是，Doudna J A、Jinek M、Charpentier E 等合著的文章 "A programmable dual-RNA-guided DNA endonuclease in adaptive bacterial immunity" 解析了 CRISPR 系统的工作原理，Zhang F 与 Marraffini L A 等的文章 "Multiplex genome engineering using CRISPR/Cas systems" 将 CRISPR 系统应用于哺乳动物，且成功编辑了动物基因，这两篇文献都对业界产生了巨大影响。

其中，Zhang F、Doudna J A 作为基因编辑技术领域影响力较大的两位科研人员，两人在该网络中的连接最为紧密，虽然没有共同合著过论文，但发生过267次互相引用关系。同样地，关系第二紧密的 Doudna J A 与 Koonin E V 以及 Doudna J A 与 Marraffini L A 作者之间均没有合作发表过论文，但分别产生过149次、122次引用关系。经统计发现，大多为 Koonin E V 引用 Doudna J A 的文献，引用主要发生在 Koonin E V 团队撰写的文章引用 Doudna J A 的著名文章 "A programmable dual-RNA-guided DNA endonuclease in adaptive bacterial immunity"。以上现象说明，若仅针对作者合作网络进行社团划分，则无法有效地展示两者之间的联系，本研究将作者引用关系考虑其中，有效地挖掘出了隐形社团，揭示出今后有可能合作的潜在作者。

Zhang F 与 Koonin E V、Wiedenheft B 与 Doudna J A 之间的关系相较于其他研究人员间更为紧密。分析发现，Zhang F 与 Koonin E V 曾使用计算生物学方法发现了 Cas13，他们的合作与引用主要集中于 CRISPR-Cas13 系统；Wiedenheft B 曾是 Doudna J A 实验室的博士后，也是其实验室第一个开展CRISPR 研究的人，两人合作过有关细菌免疫系统、CRISPR 内切酶等相关文章。

在选出的代表性节点中，Koonin E V、Bikard D、Charpentier E 三人通过文献 "Evolution and classification of the CRISPR-Cas systems" 与文献 "An updated evolutionary classification of CRISPR-Cas systems" 建立起合作关系，均研究CRISPR-Cas 系统的演化、分类等相关内容，与三者的主要研究内容吻合。Horvath P 与 Barrangou R 两人通过文献 "CRISPR provides acquired resistance against viruses in prokaryotes" "An updated evolutionary classification of CRISPR-Cas systems" "The CRISPR/Cas bacterial immune system cleaves bacteriophage and plasmid" 建立起合作关系，经过统计，两人在研究中频繁自引 "CRISPR provides acquired resistance against viruses in prokaryotes" 这篇文献作为研究基础，同时两人因为在创建和描述 CRISPR-Cas 细菌免疫防御系统方面的工作而共同获得了加拿大盖尔德纳奖。

3. 重叠社团结果分析

本算法在进行社团划分时，选取出现概率小于 0.3 的标签进行删除，共识别出 24 个重叠节点，具体标签如表 4-32 所示。

表 4-32 重叠社团的识别结果

节点	社团标签1	社团标签2	节点	社团标签1	社团标签2
A266	社团2	社团38	P1107	社团277	社团6
A289	社团25	社团38	P113	社团1	社团6
A424	社团25	社团38	P1268	社团2	社团38
A463	社团2	社团38	P277	社团44	社团38
A469	社团233	社团38	P382	社团1	社团6
A617	社团321	社团6	P522	社团233	社团38
A657	社团25	社团38	P549	社团25	社团38
A687	社团361	社团38	P632	社团2	社团38
A741	社团6	社团1	P633	社团25	社团38
A771	社团2	社团1	P678	社团1	社团6
P1071	社团18	社团38	P705	社团2	社团38
P1081	社团1	社团6	P798	社团321	社团6

通过表 4-32 可知，节点的社团标签大多为社团 1 与社团 6、社团 2 与社团 38 重叠，下面将基于这两者分别对重叠划分出的作者和文献进行具体分析，表 4-33 是社团 1 与社团 6 的重叠节点。

表 4-33 社团 1 与社团 6 的重叠节点

节点	对应的作者/文献	介绍
A741	Schinazi R F	美国有机药物化学家，研究重点为开发由人类免疫缺陷病毒（HIV）、乙型肝炎病毒等其他新兴病毒引起的感染的治疗方法
P113	HeriTable targeted gene disruption in zebrafish using designed zinc-finger nucleases	利用设计的锌指核酸酶破坏斑马鱼中的可遗传靶向基因
P382	Targeted DNA demethylation and activation of endogenous genes using programmable TALE-TET1 fusion proteins	利用可编程的 TALE-TET1 融合蛋白实现内源性基因的 DNA 去甲基化和激活
P678	Gene targeting by homologous recombination in mouse zygotes mediated by zinc-finger nucleases	锌指核酸酶介导的小鼠合子同源重组基因靶向研究
P1081	Chromosomal translocations induced at specified loci in human stem cells	人体干细胞中特定位点诱导的染色体易位

社团 1 主要是针对三代基因编辑技术（ZFNs、TALENs、CRISPR/Cas9）

的开发、应用、前沿的理论研究，社团 6 是针对 ZFNs、TALENs 在基因组定向修饰中的应用、定向进化研究，以及双链断裂后 DNA 的同源重组修复方式研究、靶向诱变研究等。

经分析发现，Schinazi R F（A741）研究内容的治疗方案包括抗病毒药物、药理学、分子遗传学、基因治疗等方法，他在该数据集中仅撰写过一篇文献——"Suppression of hepatitis B virus DNA accumulation in chronically infected cells using a bacterial CRISPR/Cas RNA-guided DNA endonuclease"，被引达 138 次，该文献主要研究利用 CRISPR/Cas 进行有针对性的 DNA 编辑，从而使乙型肝炎病毒基因组失活，下调 HBV cccDNA。该作者的研究与社团 1 中的 CRISPR/Cas9 联系密切，并且 DNA 内切酶与社团 6 中的双链断裂相关，因此划分合理。

同样地，"HeriTable targeted gene disruption in zebrafish using designed zinc-finger nucleases"文献与社团 1 中的锌指核酸酶研究、社团 6 中的靶向诱变研究密切相关；"Targeted DNA demethylation and activation of endogenous genes using programmable TALE-TET1 fusion proteins"摘要中涉及的 TALE-TET1、靶向去甲基化与社团 1 中的 TALENs 技术和社团 6 中的靶向研究、基因修饰相关；"Gene targeting by homologous recombination in mouse zygotes mediated by zinc-finger nucleases"与社团 1 中的锌指核酸酶研究、社团 6 中的同源重组、靶向研究密切相关；"Chromosomal translocations induced at specified loci in human stem cells"文献的关键词为双链断裂修复、锌指核酸酶、基因定位等，与社团 1 和社团 6 均相关，因此，重叠社团划分结果合理。

表 4-34 展示了社团 2 与社团 38 的重叠节点。

表 4-34　社团 2 与社团 38 的重叠节点

节点	对应的作者/文献	介绍
A266	Li J B	斯坦福大学遗传学副教授，研究重点是理解 RNA 编辑的调节和功能
A463	Ramaswami G	斯坦福大学遗传学博士后，研究重点是自闭症谱系障碍的综合基因组学
P632	Accurate identification of human Alu and non-Alu RNA editing sites	准确识别人类 Alu 和非 Alu 的 RNA 编辑位点
P705	Identifying RNA editing sites using RNA sequencing data alone	使用 RNA 测序数据确定 RNA 编辑位点
P1268	Dynamic landscape and regulation of RNA editing in mammals	哺乳动物 RNA 编辑的动态格局和调控

社团 2 主要是基于大肠杆菌和嗜热链球菌，研究 CRISPR 在原核生物中的

获得性免疫功能、适应性防御机制，社团 38 的研究内容包括 RNA 编辑、腺苷脱氨酶的特性、腺苷脱氨酶对 pre-mRNA 的催化作用等。

作者 Li J B（A266）的研究重点是理解 RNA 编辑的调节和功能，作者 Ramaswami G（A463）在该数据集中撰写过 A-to-I RNA 编辑数据库有关文献，"Accurate identification of human Alu and non-Alu RNA editing sites" "Identifying RNA editing sites using RNA sequencing data alone" "Dynamic landscape and regulation of RNA editing in mammals" 的内容均与 RNA 编辑技术相关，因此这些节点被划分到社团 38 合理。同时，Li J B 的《优化 sgRNA 参数提高果蝇 CRISPR/Cas9 系统的特异性和效率》这篇文章多次引用了 Zhang F（A2）的文章，使得两者连接关系紧密，在这篇文章发表前，Li J B 团队利用一种名为 ADAR 指导 RNA（guide RNA to ADAR）的 RNA 片段来精确编辑 RNA，而 CRISPR/Cas 技术的发展，使得通过结合 ADAR 酶与 Cas 酶开发的 RNA 编辑系统可以帮助 ADAR 酶更精准地结合特定 RNA 序列，Li J B 团队对此展开了研究，因此 Li J B 也同时被划分到社团 2 中。Ramaswami G 与 Li J B 合作引用频繁，其团队主要就自闭症的治疗开展相关研究，CRISPR/Cas 技术的开发使得敲除相关自闭症风险基因成为可能，为治疗自闭症提供了新的思路；Ramaswami G 团队为此也展开了 CRISPR/Cas 技术对自闭症治疗方案的新的研究，因此 Li J B 和 Ramaswami G 同时隶属于社团 2 和社团 38。这些均表明，新的领域、理论和方法的兴起，使得科研人员的研究方向不断向外扩展，变得更加多样化。

对于 P632 文献，其作者为 Li J B、Ramaswami G、Tan M H（A527），其中 Tan M H 的研究方向为采用 CRISPR 技术剖析发育和疾病中的基因调控网络，且他是 Li J B 的博士后，这三位作者均被划分到社团 2 中，因此文献 P632 隶属于两个社团，为重叠节点是合理的。同理，文献 P705 的作者包含 Li J B、Ramaswami G，文献 P1268 的作者包含 Tan M H、Li J B，且排名均靠前，因此 P1268、P705 同时被划分到社团 2 与社团 38 中存在合理性。

4. 不同网络社团划分结果对比

由于张瑞红等（2019）已将作者混合网络与单一的作者合作网络及作者引用网络做过对比，证明了作者混合网络中作者引用关系构建的必要性与优越性，本研究不再对此进行讨论，仅将作者–文献混合网络与作者混合网络的社团划分结果进行对比，以探讨文献节点加入的必要性。

　　基于前文研究，选取 Leiden 算法对作者混合网络进行社团划分，去除 103 个孤立节点，最终划分出 20 个社团，模块度值为 0.42，其中最大社团包含 547 个作者节点，最小社团包含 2 个作者节点，对节点个数大于 4 的社团研究内容进行分析，如表 4-35 所示。

表 4-35　作者混合网络社团研究内容

社团标签	社团节点数	研究内容
社团 1	52	CRISPR/Cas9、锌指核酸酶、TALE 核酸酶、基因组工程
社团 2	246	CRISPR 的获得性免疫功能
社团 6	101	锌指核酸酶、双链断裂、核酸内切酶、CRISPR/Cas9、基因治疗
社团 12	12	活性化胞苷脱氨基化酶、类别变换重组、锌指核酸酶的基因组工程、双链断裂
社团 38	41	RNA 编辑、线粒体基因编辑

　　在作者混合网络中，社团 1 主要是针对 CRISPR/Cas9、锌指核酸酶、TALE 核酸酶推进基因组工程的理论研究；社团 2 是针对 CRISPR 的获得性免疫功能开展的研究；社团 6 主要是基于锌指核酸酶、双链断裂、核酸内切酶的基因治疗研究；社团 12 是针对活性化胞苷脱氨基化酶如何参与类开关重组过程、锌指核酸酶的基因组工程进行了研究；社团 38 是针对 RNA 编辑的研究。

　　通过与作者-文献混合网络社团划分研究内容的对比发现，后者的社团划分结果更为细致，加了文献节点的混合网络的社团划分细分了研究方向。比如对于作者混合网络中的社团 38 而言，其包含了 RNA 编辑与线粒体基因编辑，而在作者-文献混合网络的社团划分结果中，RNA 编辑与线粒体基因编辑是区分开的，RNA 编辑的研究内容中具体包括了作用于 RNA 的腺苷脱氨酶及其对 pre-mRNA 的催化作用，线粒体基因编辑的研究内容中主要以拟南芥作为研究对象，对植物线粒体中 RNA 编辑技术的影响与进化开展研究。其中 RNA 编辑研究更偏向于理论研究，线粒体基因编辑更偏向于实际应用研究。因此，作者-文献混合网络的社团划分结果更为精确。

　　此外，将主要节点在两个网络中的社团标签进行对比（表 4-36），发现变化大多集中于社团 1 和社团 6 之间，社团 1 是针对 CRISPR/Cas9、锌指核酸酶、TALE 核酸酶推进基因组工程的理论研究；社团 6 相较于社团 1 而言，除了锌指核酸酶的相关研究，还包括双链断裂、核酸内切酶的基因治疗研究。以 Joung J K 为例，21 世纪最初十年的中期，他的研究重点是为生物研究和基因治疗创造锌指核酸酶工具，近年来其通过蛋白质工程和脱靶检测分析为设计核酸酶的开发做出了贡献，因此，他的研究与社团 6 更为契合。对于作者 Mali P 而言，其研究方向为将 CRISPR 相关技术应用于修复罕见遗传疾病的突变，虽然与社团 1 的研究内容相关，但更偏向于应用研究，即基因治疗研究，因此加入文献节点的社团划分，使得作者与其撰写文献的联系更加紧密，相比于仅通过作者间合作与引用构建起的网络更有直接的说服力。但总体而言，社团 1 和社团 6 的研究存在重叠交叉之处，因此两种社团划分结果均合理。

表 4-36　主要节点社团变化情况

编号	作者	介绍	作者混合网络	作者–文献混合网络
A2	Zhang F	美国国家医学科学院院士，美国麻省理工学院理学院终身教授，获阿尔伯尼生物医学奖。主要研究基因修饰技术 CRISPR/Cas9 的发展和应用，并率先获得美国专利	社团 2	社团 2
A4	Doudna J A	美国加州大学伯克利分校教授，获 2020 年诺贝尔化学奖，开发了 CRISPR/Cas9 基因组编辑方法	社团 2	社团 2
A3	Marraffini L A	洛克菲勒大学细菌学实验室教授和负责人，主要研究细菌中 CRISPR/Cas 免疫的机制	社团 2	社团 2
A32	Joung J K	美国病理学家和分子生物学家，率先开发设计核酸酶和灵敏的脱靶检测方法，单碱基编辑的开创者之一	社团 1	社团 6
A7	Church G M	哈佛大学和麻省理工学院的健康科学与技术教授，以开创个人基因组学和合成生物学专业领域而闻名，主要研究 CRISPR/Cas9 基因编辑工作	社团 1	社团 6
A6	Charpentier E	马克斯·普朗克病原体科学研究所主任，获 2020 年诺贝尔化学奖，开发 CRISPR/Cas9 基因组编辑方法	社团 2	社团 2
A10	Esvelt K M	麻省理工学院媒体实验室助理教授，专注于基因驱动的生物伦理学和生物安全研究	社团 1	社团 6
A8	Mali P	加州大学圣迭戈分校生物工程学教授，从事干细胞发育和 CRISPR 相关技术的研究，修复罕见遗传疾病的突变	社团 1	社团 6
A5	Jinek M	苏黎世大学生物化学副教授，研究调节细胞功能的蛋白质–RNA 相互作用以及 CRISPR/Cas 的防御机制	社团 2	社团 2

编号	作者	介绍	作者混合网络	作者-文献混合网络
A9	Yang L H	哈佛大学和 eGenesis 异种器官移植课题带头人，eGenesis 联合创始人兼首席科学官，主要研究 CRISPR-Cas 9 的"基因剪刀"技术，敲除猪基因组中可能的致病基因	社团 1	社团 6

（八）小结

本节主要针对多节点多关系网络，提出 MESME-SLPA 社团划分方法，该方法基于元路径、种子节点和 SLPA 算法构建，首先基于元路径计算各节点之间的边权重，其次根据节点强度选取种子节点，然后通过 Leiden 算法确定种子节点标签，接着计算非种子节点与种子社团之间的归属度以确定非种子节点标签，最后基于改进的标签传播算法完成最终的社团划分，识别出重叠社团。该方法具有以下三个特点：①同时利用网络拓扑结构和文本语义信息；②满足网络混合性要求，混合网络包含不同类型的节点和不同关联关系，所提方法能够根据节点间的关系，同时对所有类型节点进行社团划分；③可以识别出重叠社团。同时，将该方法应用于基因编辑技术领域的学术网络中，验证算法有效性，并对学术网络的科学结构进行分析。

首先，选取基因编辑技术领域，基于 Web of Science 数据库中的数据，选取文献、作者两类节点，构建包含文献与作者著作关系、作者合作关系、文献引用关系、作者引用关系四种关系的作者-文献混合网络，包含 2191 个节点以及 33 116 条边。利用 Gephi 软件对作者-文献著作网络、文献-文献引用网络、作者-作者混合网络、作者-文献混合网络进行可视化，对各网络特性进行分析，为研究提供基础。

其次，将 MESME-SLPA 社团划分方法应用于构建的作者-文献混合网络中，进行重叠社团的划分，由于真实社团划分结果未知，采用重叠社团的扩展模块度评价指标对结果进行评判。对该社团划分结果进行可视化分析发现，作者与文献节点很少被划分在一起，这是因为作者与文献节点的边权重值远远小于作者-作者节点、文献-文献节点的边权重值。为使得所有数据分布在同一个量级上，本研究将作者-文献节点的边权重扩大 10 倍，此时社团划分模块度最高为 0.5467。最终该网络划分出 382 个社团、24 个重叠节点，其中最大社团含有 451 个节点，最小社团含有 2 个节点。

最后，对划分出的主要社团研究方向、主要节点、重叠节点进行分析。这 6 个社团的研究方向分别为：CRISPR/Cas9、TALENs、ZFNs 技术的理论内容；CRISPR 在原核生物中的获得性免疫功能；ZFNs、TALENs、CRISPR/Cas 在基因组定向修饰、靶向诱变研究中的应用以及双链断裂后 DNA 的同源重组修复方式；AID 参与体细胞超突变、类开关重组过程的重要性及方式；RNA 编辑技术；拟南芥生长发育、基因编辑以及线粒体基因编辑技术。在这 6 个社团中，本研究对主要社团 2 中的代表性节点进行了具体分析，发现社团 2 主要是由 Zhang F、Doudna J A、Koonin E V、Barrangou R、Marraffini L A、Horvath P 等及其代表性文献构成的科研团体，经过对这些作者及其对应文献节点的分析发现，本研究提出的算法能够有效地识别出隐性社团，挖掘出存在潜在关系的作者；同时阐述了作者关系构建的基础和缘由，解释了文献和作者节点社团划分的合理性。本研究选取两大重叠社团进行具体分析，阐述重叠社团划分的合理性，并基于此发现 CRISPR/Cas 技术的发展促使很多科研团队研究方向的扩展，CRISPR/Cas 为各类疾病的治疗提供了新的思路与方案，科研人员都期望通过这把"魔剪"改变生物遗传密码，实现治疗疾病的目的。与此同时，本研究将构建的作者–文献混合网络与作者混合网络的社团划分结果进行对比，探讨加入文献节点的必要性，发现包含文献节点的网络社团划分结果更加细致精确，其细分了研究方向，并且划分出的作者节点所属社团更具合理性。

第四节　多节点单关系网络的社团研究

多节点类型单一关系网络的特点是节点类型呈现多样性，关于该类网络的社团划分研究鲜少，但可以从网络构建角度为社团划分提供前期工作的参考。若对该类网络进行社团划分或聚类时，对节点类型含义的理解至关重要。

一、多重属性的节点

有些网络中的多类型节点本质上是实体多重属性的体现。比如在合作网络中，节点一般是作者或研究人员，并不区分其社会属性，但是严格来说，研究人员是有多重属性的，包括文章属性（关键词、主题等）、特征属性（年龄、职称等）以及社会属性（学生、老师）。王炎和魏瑞斌利用研究对象的不同属性对学术网络进行了理论与方法的探究，基于多元数据构建了专著专家合作网络、专家主题网络、专利专家合作网络等，更加准确地刻画了专家间的显性与隐性合作网络（王炎和魏瑞斌，2016）；雷雪等根据作者贡献度，将文章合作者区分为第一作者与其他作者，构建了基于两类节点类型的有向合作网络，并与传统无向合作网络进行对比，以探索更有效的科研分析方法（雷雪等，2015）；鲁晶晶等在研究国际合作时，将国家区分为主导国家和其他国家，构建了以中国为主导的有向国际合作网络，并做了主题内容分析（鲁晶晶等，2015）。

二、多种实体的节点

有些网络中的多类型节点本质上是不同实体的体现。王朋等在研究校企合作网络时，构建了科研人员与纳米类专利之间的关系网络，揭示了以清华大学为主的产学研纳米技术合作网络的拓扑结构（王朋等，2010）；马艳艳等进一步拓展研究对象，利用大学与企业合作的专利申请数据，描绘了高校与企业专利申请的合作网络图，通过对合作网络的特性分析，提出中国的产学研合作在一定程度上有很大的上升空间（马艳艳等，2011）。

不难发现，对多节点单关系网络的研究主要集中于合作网络，构建多节点单关系网络并进行社团划分的工作开展相对较少，但是该类网络的社团划分或聚类更有利于对科学结构形成过程中的继承、从属关系进行清晰判断，也是今后可能的研究聚焦点。

第五节　小　　结

本章主要梳理了混合网络社团划分方法在图书情报领域的最新研究进展。

通过系统的梳理和分析发现，针对单节点多关系网络，有两种方式对多关系进行处理，分别是多关系组合与多关系融合。多关系组合较为简单，选择两种或两种以上的分析方法即可实现关系组合方法对问题的解决，但在选择时需要对不同组合效果进行科学评估，尽量选择不同维度的分析方法；多关系融合方法主要集中于混合网络构建或社团划分算法的革新改进，但关系的融合是比较复杂的工作，选择哪些关系进行融合以及对融合效果的判定，都需要具体开展研究进行探索。

针对多节点多关系网络，主要有基于概率生成模型、基于元路径、基于种子节点、扩展模块度、异构网络同构方法，各类方法仍存在结果不稳定、大规模网络适用性较差、信息失真、重叠社团划分未解决等问题，研究重点和难点包括探究多节点多关系网络信息挖掘的原理与方法、如何准确构建模拟现实世界的模型以及对多节点或多关系重要性的判别等。

针对多节点单关系网络的研究主要集中于合作网络，目前这一领域的研究工作相对较少，但该类网络的社团划分更有利于对科学结构形成过程中的继承、从属关系以及节点具备的属性进行清晰判断，也是今后可能的研究热点。

在揭示科学结构方面，单一网络的社团划分研究已经相对成熟，但混合网络的社团划分研究正处于成长阶段。打破了传统单一网络研究局限的混合网络，为后续的网络分析研究提供了新的视角和方法，并且可以挖掘出隐藏在实体间不同链接间的丰富信息，在理论和实践上都是一次全新的提升与尝试。同时，混合网络的社团划分对于分析科学结构、描述知识发展以及分析学科间交叉等问题仍然有许多值得探索的研究问题。鉴于科学研究是一个复杂的系统，本章节讨论的数据基础都是文献，这仅仅是科研产出的一部分，科学研究还涉及科技战略、规划、项目、资助等大量的信息，这些信息均与科学结构密切相关。在未来的研究中，可以拓展数据基础，从更加全面的角度，利用丰富的数据类型和关系类型，充分理解和揭示科学结构。此外，混合网络的研究前沿不仅局限于对网络构建方法与社团划分或聚类的探索，还包括信息扩散、语义搜索、智能查询等。由于挖掘混合信息网络的难度较大，因此该类研究更具挑战性与现实价值，这也是今后信息网络研究的重要方向之一。

第五章　社团划分算法的选择

第一节　主要社团划分算法应用比较

文献调研发现，当前针对社团划分算法的优化研究较多（吴卫江等，2016；吴祖峰等，2013；夏玮和杨鹤标，2017），且通常是针对方法效率和处理能力的比较，从实证分析角度观察不同算法划分结果差异的研究较少。因此，本研究对过去20年间他人利用典型的社团划分算法针对经典的空手道俱乐部网络的社团划分的研究结果进行对比介绍，并在自行构建的合作网络与引文网络数据集上进行实验，包括几百个节点数的小型网络和数千个节点的大中型网络，比较不同算法的效用，以期为情报分析人员提供参考。

本研究介绍的五种经典算法中，GN算法和FN算法存在局限性。GN算法的缺点在于其在处理数据规模较大的网络时时间效率十分低下，不建议使用；FN算法虽然在理论上可以处理大型网络，但在计算精度和计算效率方面并没有优势。鉴于本研究是为情报分析人员从事科学数据的网络社团研究提供参考，所选取数据对象也是科技论文的合作网络与引文网络数据集，Louvain算法、Louvain多级细分算法和SLM算法的时间效率与划分精度更具有可接受度与可信度，因此只对这三类算法进行实证比较研究。

一、机构合作小型网络社团划分比较研究

以《科学计量学》1978～2010年发表的2541篇文献（研究论文、会议论文和综述三种类型）为基础，利用SCI²工具构建机构合作网络（Chen et al.，2013）。数据下载日期为2010年12月。

该网络拥有1061个节点，为了便于可视化解读社团划分结果，本实证仅选择其含有497个节点、853条边的最大主成分，从无权和加权（基于合作论文数量）两个角度开展比较，同时测试设定不同分辨率值（分辨率越低，划分获得的社团数量越少）对社团划分的影响。可视化图仅呈现论文数量大于10的前40个节点。

表5-1统计了不同算法及不同分辨率下有权和无权网络的社团划分情况。在分辨率设定为0.1时，如果不考虑权重，三种社团划分算法的社团划分结果

完全相同。如果考虑权重，Louvain 多级细分算法和 SLM 算法的划分结果完全相同，总计获得 6 个社团，而 Louvain 算法可划分得到 8 个社团。

表 5-1　机构合作网络主成分三种算法社团划分结果比较

网络类型	不同分辨率下的社团数量（分辨率从左到右依次为 0.1、0.5、1.0）			
无权网络	Louvain 算法	7	15	19
	Louvain 多级细分算法	7	15	19
	SLM 算法	7	16	21
加权网络 （基于合作论文数）	Louvain 算法	8	13	23
	Louvain 多级细分算法	6	13	22
	SLM 算法	6	13	22

当把分辨率提高到 0.5 时，如果不考虑权重，Louvain 算法及其多级细分算法的社团划分结果完全相同，得到 15 个社团，而 SLM 算法总计得到 16 个社团。如果考虑权重，三种算法的社团划分结果均为 13 个，但有大量节点在三种社团划分结果中被划分在不同的社团中。

当把分辨率提高到 1 时，无论是否考虑权重，社团划分的数量均增加，就 497 个单个节点而言，利用不同的算法，其被划分的社团归属情况也存在大量的变化。

表 5-2 统计了论文数量大于 10 的前 40 个节点利用不同社团划分算法以及不同分辨率获得的社团划分结果情况（L-Louvain 算法，LM-Louvain 多级细分算法）。

表 5-2　40 个节点利用三种算法、不同分辨率社团划分结果比较

	机构	论文数/篇	分辨率=0.5						分辨率=1					
			未加权			加权			未加权			加权		
			L	LM	SLM	L	LM	SLM	L	LM	SLM	L	LM	SLM
1	鲁汶大学	85	0	0	0	0	0	0	0	0	3	0	1	0
2	匈牙利科学院	85	0	0	0	0	0	0	2	1	2	0	1	0
3	印度国立科技与发展研究所	61	0	0	0	9	0	10	7	7	9	13	14	14
4	莱顿大学	59	9	9	8	2	1	1	2	1	2	8	7	7

续表

	机构	论文数/篇	分辨率=0.5						分辨率=1					
			未加权			加权			未加权			加权		
			L	LM	SLM	L	LM	SLM	L	LM	SLM	L	LM	SLM
5	西班牙国家研究委员会	57	1	1	2	2	1	1	4	6	4	2	3	3
6	格拉纳达大学	35	1	1	2	3	3	3	11	10	11	3	2	2
7	苏塞克斯大学	30	0	0	0	0	0	0	3	4	3	0	1	0
8	布鲁日-奥斯坦德天主教学院	26	0	0	0	0	0	0	0	0	0	1	0	1
9	阿姆斯特丹大学	25	3	3*	1*	1	2	2	1	2	1	4	9	4
10	安特卫普大学	24	0	0	0	0	0	0	0	0	0	1	0	1
11	弗汉普顿大学	21	3	3*	1*	1	2	2	1	2	1	4	5	4
12	皇家图书馆与信息科学学院	19	5	5	4	6	7	7	5	5	5	6	4	5
13	德国科学交流与信息研究委员会	19	0	0	0	0	0	0	2	1	2	0	1	0
14	新南威尔士大学	18	6	6	5	3	3	3	0	0	0	1	0	1
15	比利时林堡大学	18	0	0	0	0	0	0	8	8	7	3	2	2
16	哈塞尔特大学	17	0	0	0	0	0	0	0	0	0	1	0	1
17	安特卫普大学	17	0	0	0	0	0	0	0	0	0	1	0	1
18	赫尔辛基理工大学（现阿尔托大学理工学院）	16	0	0	0	0	0	0	3	4	3	0	1	0
19	里约热内卢联邦大学	16	10	10	9	10	10	11	12	12	12	11	10	10
20	法国农业科学研究院	15	2	2	3	3	3	3	0	0	0	0	1	0
21	河南师范大学	15	0	0	0	0	0	0	10	3	10	3	2	2
22	卡纳塔克大学	14	0	0	0	9	0	10	2	1	2	0	1	0
23	罗兰大学	14	0	0	0	0	0	0	7	7	9	13	14	14
24	于默奥大学	13	9	9	8	0	0	0	5	5	5	6	4	5
25	弗劳恩霍夫协会系统与创新研究所	13	4	4*	11*	5	6	6	4	6	4	2	3	3
26	巴-伊兰大学	13	1	1	2	2	1	1	2	1	2	0	1	0
27	东京大学	13	5	5	4	6	7	7	13	13	15	12	13	13
28	印第安纳大学	12	8	8	7	8	9	8	6	3	6	9	8	8
29	法国国家科学研究中心	12	2	2	3	4	5	5	16	15	17	15	16	16

续表

	机构	论文数/篇	分辨率=0.5						分辨率=1					
			未加权			加权			未加权			加权		
			L	LM	SLM	L	LM	SLM	L	LM	SLM	L	LM	SLM
30	中国科学技术信息研究所	12	0	0	0	0	0	0	0	0	0	0	1	0
31	伦敦城市大学	12	2	2*	10*	11	4	4	14	11	14	5	12	12
32	马克斯·普朗克科学促进学会	11	0	0	0	0	0	0	4	6	4	2	3	3
33	德雷塞尔大学	11	4	4*	1*	5	6	6	3	4	13	10	11	11
34	瓦伦西亚工业大学	11	15	15	16	2	1	1	3	4	13	10	11	11
35	佐治亚理工学院	11	4	4*	1*	5	6	6	10	4	4	2	2	2
36	西安大略大学	11	8	8	7	8	9	8	15	14	16	14	15	15
37	耶路撒冷希伯来大学	11	1	1	2	2	1	1	17	17	17	18	19	19
38	科技观察编辑部	11	2	2	3	3	3	3	2	1	2	1	1	0
39	苏黎世联邦理工学院	11	13	13	14	12	12	12	19	19	20	23	3	3
40	马德里卡洛斯三世大学	11	1	1	2	2	1	1	4	6	4	2	3	3

*社团发生变化

注：L 指 Louvain 算法，LM 指 LM-Louvain 多级细分算法，SLM 指 SLM 算法

图 5-1 呈现了分辨率为 0.5 情况下 Louvain 算法与 SLM 算法社团划分结果的不同，SLM 算法的改进并不是在于增加或合并社团，而是既有社团的合并也有拆分。在 Louvain 算法中，分属社团 3、社团 4 的四个机构（n23-阿姆斯特丹大学、n12-伍尔弗汉普顿大学、n10-德雷塞尔大学、n2-佐治亚理工学院）在 SLM 算法中被划分在同一个社团 1 中。而 n30-伦敦城市大学则从 Louvain 算法的社团 2 移到 SLM 算法的社团 10，与 n6-新南威尔士大学在一个社团。需要强调的是，虽然许多社团序号发生了改变，但多数节点仅是在不同算法结果中的序号改变了，实质社团划分结果并未改变，仅以星号标注的节点存在社团的变化。

二、小型引文网络社团划分比较研究

以文献（陈云伟，2016）采用的 2046 篇有关引文网络演化的文献（研究

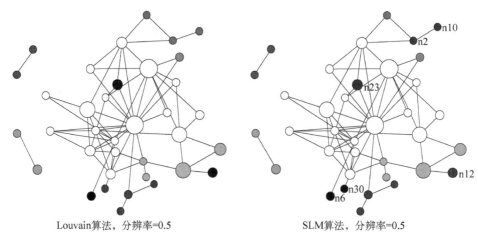

Louvain算法，分辨率=0.5　　　　　　　　　SLM算法，分辨率=0.5

图 5-1　《科学计量学》期刊论文机构合作网络（1978～2010 年）（文后附彩图）

仅显示论文数大于 10 的 40 个节点

论文、信函、会议论文和综述四种类型）开展引文网络社团划分研究，数据下载时间为 2015 年 7 月 14 日。删除仅作为参考文献出现的节点，以及没有参考文献的节点，总计获得拥有 2036 个节点（文章）的无权网络。为了便于分析，选择包含 525 个节点、1118 条边的最大主成分进行分析，测试设定不同分辨率值对引文网络社团划分的影响。

　　表 5-3 统计了不同算法及不同分辨率情况下引文网络的社团划分情况。分辨率为 0.1 时，三种社团划分算法得到的社团数均为 2 个，且每个节点所属社团情况均相同。分辨率提高到 0.5 时，Louvain 算法及其多级细分算法的社团划分结果完全相同，得到 7 个社团，而 SLM 算法也得到 7 个社团，但某些节点所属的社团发生了变化。分辨率提高到 1 时，社团划分的数量均增加，节点的社团归属也发生了较大的变化。表 5-4 统计了被引频次≥10 的前 26 个节点的社团划分情况。

表 5-3　三种算法引文网络社团划分结果比较

	不同分辨率下的社团数量（分辨率从左到右依次为 0.1、0.5、1.0）			
无权引文网络	Louvain 算法	2	7	13
	Louvain 多级细分算法	2	7	14
	SLM 算法	2	7	13

表 5-4　前 26 篇被引频次 ≥ 10 的论文社团划分结果比较

标签 n	被引频次	分辨率=0.5			分辨率=1.0		
		L	LM	SLM	L	LM	SLM
131	42	1*	1*	1*	0	0	1
469	29	2	2	4	3	3	3
59	27	3	3	3	4	4	4
125	27	5	5	5	5	6	5
341	26	1	1	2	2	2	2
79	20	3	3	3	4	4	4
318	20	1	1	2	2	2	2
207	18	1*	1*	1*	0	0	1
303	18	2	2	4	3	3	3
150	17	2*	2*	2*	2	3	2
194	17	0	0	0	1	1	0
364	16	3	3	3	4	4	4
522	16	1	1	2	2	2	2
210	15	4	4	1	0	0	1
315	15	4	4	1	0	0	1
268	14	2	2	4	3	3	3
304	13	5	5	5	5	6	5
72	12	0	0	0	1	1	0
383	12	0	0	0	1	1	0
492	12	0	0	0	1	1	0
29	11	0	0	0	1	1	0
130	11	5	5	5	5	6	5
180	11	0	0	0	1	1	0
259	11	3	3	3	4	4	4
444	11	6	6	6	6	5	6
447	10	2	2	4	3	3	3

*社团发生变化

注：L 指 Louvain 算法，LM 指 LM-Louvain 多级细分算法，SLM 指 SLM 算法

图 5-2 比较了分辨率 0.5 情况下 SLM 算法与 Louvain 算法社团划分结果的不同，在前 26 个节点中，仅星号标注的点存在社团划分上的变化，即 n150、n207 和 n131。

论文 n131（"Visualizing a discipline: an author co-citation analysis of information science"）和 n207（"Pathfinder networks and author cocitation analysis: a remapping of paradigmatic information scientists"）的核心工作都是有关作者共引的研究，

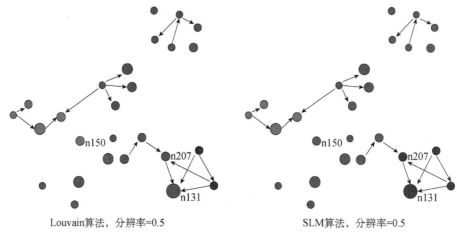

Louvain算法，分辨率=0.5　　　　　　　　　SLM算法，分辨率=0.5

图 5-2　引文网络（1978～2010 年）（文后附彩图）
仅显示被引频次≥10 的 26 篇论文

对结果进行了一定的可视化呈现。利用 Louvain 算法，这两篇论文与另外 3 篇可视化算法和技术研究的论文（"CiteSpace Ⅱ：detecting and visualizing emerging trends and transient patterns in scientific literature""Searching for intellectual turning points：progressive knowledge domain visualization""Mapping the backbone of science"）划分在同一个社团。而利用 SLM 算法，n131 和 n207 这两篇论文则与 "The evolution of the intellectual structure of operations management—1980-2006：a citation/co-citation analysis""The intellectual structure of the strategic management field：an author co-citation analysis"划分在同一个社团，这两篇论文的主题均是关于共引分析方法的研究。因此，从结果角度分析，SLM 算法的划分结果与论文的研究主题分布情况更加吻合。

　　论文 n150（"The simultaneous evolution of author and paper networks"）的主题是有关作者和论文网络同步演化的研究，Louvain 算法将其与 "Citation statistics from 110 years of Physical Review""Measuring preferential attachment in evolving networks""Effect of aging on network structure""Modelling aging characteristics in citation networks" 4 篇网络结构共性问题（如优先链接问题）研究的论文划分在同一社团。而 SLM 算法将其与有关学科领域可视化算法和技术研究的论文划分在同一社团。可见，n150 在 SLM 算法中的社团划分结果更优。从这个角度而言，SLM 算法的划分结果与实际情况更吻合。

三、作者合作中型网络的社团划分比较研究

以上两个实证分析的小型网络节点均不超过 1000 个，为了在中型网络中比较几种社团划分算法的效用，本节以基因编辑领域（以 CRISPR 为主题词检索）所有年份的 575 篇高被引文献为基础构建作者合作网络。数据下载时间为 2018 年 6 月 4 日。

该作者合作网络有 3400 个节点 28 464 条边，平均路径长度较短，为 4.558，且聚类系数高达 0.931，说明该合作网络具有小世界的特征。表 5-5 统计了三种算法在不同分辨率下针对加权和未加权（基于合作论文数量）网络的社团划分情况。

表 5-5　作者合作网络社团划分结果比较

社团数量	Louvain 算法		Louvain 多级细分算法		SLM 算法	
分辨率	未加权	加权	未加权	加权	未加权	加权
0.1	123	125	123	125	124	124
0.2	127	130	127	130	131	131
0.3	131	133	132	131	133	135
0.4	135	134	136	135	135	135
0.5	138	139	138	140	138	139
0.6	137	140	140	141	139	141
0.7	141	145	141	142	141	144
0.8	140	143	141	143	143	144
0.9	146	144	144	147	146	146
1.0	144	147	148	148	148	151

Louvain 算法未加权时在不同分辨率下的社团数量在 123～146 间变化，极差为 23。Louvain 多级细分算法在不同分辨率下的社团数量在 123～148 间变化，极差为 25。SLM 算法在不同分辨率下的社团数量在 124～148 间变化，极差为 24。可以看出，三种算法在社团划分的波动范围上相差不大，这也体现了三者的算法核心思想在本质上是一致的。

一般情况下，分辨率越高，划分的社团数量越多。利用三种算法，分辨率在 0.5 之前时，社团数量是以较快的速率逐渐增加的。而当分辨率高于 0.5 之后，对于加权与未加权网络而言，社团数量总体依旧呈现上升趋势，不过上升速率降低。多数情况下，SLM 算法得到的社团数量略高于另外两种算法。

四、小结

通过前文比较研究发现，Louvain 算法、Louvain 多级细分算法、SLM 算法切实可用于划分拥有大量节点和边的合作网络与引文网络。通过设定不同的分辨率值，也可以获得不同精细水平的社团结果，分辨率设定得越高，获得的社团数越多。根据实证比较分析结果可见，分辨率值设定在 0.5 左右即可获得较好的社团划分效果。对合作网络而言，还可以考虑权重（即合作论文数量）的影响，可以获得不同的社团划分结果。

通过针对引文网络的实证分析比较发现，SLM 算法的社团划分效果优于 Louvain 算法及其多级细分算法，鉴于这三种算法的理论基础都是局域启发式移除算法（LMH），也都是采用 Q 函数来衡量社团划分结果的好坏，因此，建议研究人员在开展相关社团划分工作中优先选用 SLM 算法，分辨率建议设定在 0.5 左右。

然而，本研究尚存在进一步深入的空间。例如，在针对小型网络的实证中，可以通过可视化形式观察具体节点在不同算法间被划分社团的移动情况，进而深入节点主题层面，通过与社团内其他节点的主题进行比对，判断社团划分的效果。对中型网络而言，涉及社团迁移的节点非常多，很难做到针对每个节点的主题来衡量社团划分效果，此时需要引入更高效的方法来开展社团划分效果的评估，如基于 MeSH 词表等进行相似度计算等。

另外，当前开展的引文网络社团划分并没有考虑每条引用边权重和方向的影响，也就是说，将所有的引用关系都视为等同的，事实上，引用目的、引用行为和习惯等都会对引文的重要性产生影响，甚至有些引用是负面的批判性引用。在引文网络中，文献之间的引用关系隐藏了大量知识与信息流动信息，节点本身也蕴含了丰富的信息。将所有引文都不加以区分，划分的社团在反映真实结构属性时的效力就会下降。因此，有必要考虑文本相似度、论文节点属性（如作者、机构和主题）、引用动机等对引文网络社团结构的影响，需要在开展引文网络的社团划分时，全方位考虑这些因素对引文网络进行加权，再进行加权后的引文网络的社团划分。加权的引文网络社团划分方法，有利于提高引文网络社团划分的精准性，更能真实地反映学科结构和演化脉络，对分析学科结构及其相关研究具有十分重要的意义。

同理，合作网络虽然考虑了基于合作论文数量的权重，但并未考虑合作机构对论文贡献度的差异，也没有考虑单篇论文中合作机构数量对合作边权重的影响，因此，还需要对基于合作论文数量的权重加以进一步优化和改良，以提高合作网络社团划分的准确性。

第二节 如何选择合适的网络开展社团研究

本书研究的核心对象是网络的社团，通过前文的介绍，或许会让人产生一个疑问，即要想通过研究网络的社团结构来揭示科学结构，选择什么样的关系来构建网络更有效呢？以最常用的引用网络为例，基于直接引用关系、文献耦合关系、同被引关系构造的不同引用网络划分的社团结构是否会存在较大的差异？事实上，在开展基于引文网络相关的科研范式、科学结构等相关研究时，此问题也时刻困扰着笔者的研究工作。为了回答这个问题，让我们的各类研究更加有据可依，笔者与瑞典的乌普萨拉大学和于默奥大学、荷兰的莱顿大学的学者们合作，基于大规模的 PubMed 论文数据集，构建了 7 种与引用相关的网络，并基于 MeSH 词表的相似性比较了这 7 种网络内所形成的社团的主题相近程度的高低（Ahlgren et al.，2020）。研究目标是分析基于不同论文间相关性测度方法对社团划分准确性的影响效果，包括引用关系和文本关系等。

一、数据与方法

本节研究从 MEDLINE 医学数据库获取了 2013～2017 年约 400 万篇论文，再将这些论文与 Web of Science 数据进行匹配，进而构建引用关系。匹配后得到 350 万篇论文，再选择有发表年信息的论文和综述两种类型文献，遴选有标题和摘要且至少具备一次引用关系的论文，筛选后最终得到 300 万篇论文作为本研究的数据基础。

比较的 7 种关系如下所示。

（1）直接引用（DC），即论文以参考文献的形式对其他文献的直接引用关系。

（2）扩展的直接引用（EDC），EDC 的基本思想是通过间接引用关系增强直接引用，不仅要考虑出版物集中的直接引用关系，还要考虑扩展范围内的直接引用关系（Waltman et al.，2020）。

（3）文献耦合（BC），即同时引用至少一篇相同参考文献的论文之间的关系。

（4）同被引（CC），即同时作为参考文献被另一篇论文引用。

（5）BM25，利用标题和摘要中的名词短语来表征论文的主题，该方法涉及 BM25 度量，通常用来做搜索相关性评分，也是 ES 中的搜索算法，通常用来计算 query 和文本集合 D 中每篇文本之间的相关性（Jones et al.，2000）。

（6）DC-BC-CC，这是直接引用关系被文献耦合和同被引关系进行增强的引用关系。

（7）DC-BM25，直接引用关系被文本关系增强的引用关系。

为了保持评估尺度和基准的一致性，本研究采用 Leiden 算法对不同关系形成的网络进行社团划分，使用不同的分辨率参数值，为每个相关性度量获取 11 个聚类解决方案，利用 MeSH 作为外部独立分类方案为评价依据，评估基于 DC、EDC、BC、CC、BM25、DC-BC-CC、DC-BM25 7 种关系构建的引文网络社团划分的精确性。

二、实验结果

首先使用粒度精度（GA）图表将评估结果进行可视化。GA 绘图的使用是一种抵消难度的方法，即相对于精度而言，聚类解决方案应具有完全相同的粒度的要求。

由图 5-3 可见，对于给定的网络构建方法（如 DC），图中其对应曲线中的每一个点表示使用分辨率参数 γ 的某个分辨率值获得的聚类解决方案的精度和粒度。此外，在同一条曲线上各点之间的粒度值的精度值通过插值进行估算。基于插值，可以在给定的粒度级别上比较这些方法的性能。

图 5-3 中可见，基于 CC 网络划分的社团表现最差，EDC 性能最佳，其次是 DC-BC-CC（$\alpha=5$）。BC 的性能稍差于 DC-BC-CC（$\alpha=1$）。通过间接引用关系增强 DC 的所有方法均优于 DC。

图 5-4 显示，BM25 的性能优于 DC，但弱于所有三个 DC-BM25。在这些变量中，α 等于 50 和 100 的变量的性能大致相同，优于取值 25 的性能。

由图 5-5 可见，扩展的直接引用（即 EDC）和通过 BM25 增强的 DC 可获得最佳性能。通过 BC 和 CC 的组合来增强的 DC，表现不及 DC-BM25 差，但优于 DC。尽管在图 5-5 中 EDC 和 DC-BM25 的拟合曲线在很大程度上重叠，

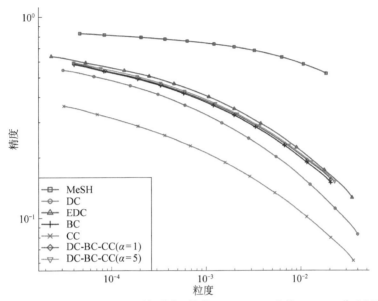

图 5-3　DC、EDC、BC、CC 和两种不同 α 值的 DC-BC-CC 比较，MeSH 作为评价标准
（Ahlgren et al.，2020）

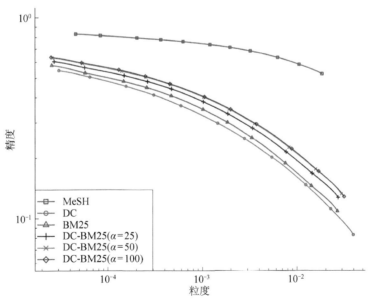

图 5-4　DC、BM25 和三种不同 α 值的 DC-BM25 比较，MeSH 作为评价标准
（Ahlgren et al.，2020）

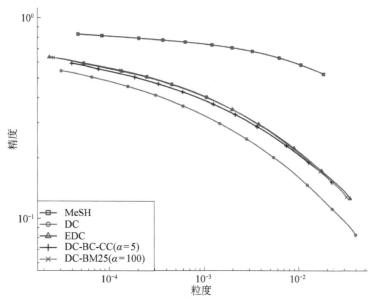

图 5-5 用于比较 DC、EDC、DC-BC-CC（α=5）和 DC-BM25（α=100），MeSH 作为
评价标准（Ahlgren et al.，2020）

但是对于具有较高粒度的聚类解决方案（因此具有更多聚类的解决方案），似
乎 EDC 的性能略好于 DC-BM25。

为了能相对定量地比较各方法的性能，对 GA 图给出的相对性能进行了补
充。具体处理方法如下：针对 10 个相关性度量中的每一个，都获得基于内插
精度值的汇总值。$P_j(x)$ 表示第 j 个相关性度量的插值函数，其中 x 是粒度值，
并使用分段三次埃尔米特插值法。然后，定义 x 的平均插值精度值 $P_{avg}(x)$ 为式
（5-1）。令 a 和 b 分别为最小值和最大值，以便为每个相关性度量 j 定义 $P_j(a)$
和 $P_j(b)$（不使用外推法）。设 $s^l=\{a, \cdots, b\}$ 是 a 与 b 之间的 1 个均匀间隔的值
的序列，而 s^l_i 表示 s^l 中的第 i 个值。然后，将相关性度量 j 的相对聚类求解精
度的合理的摘要值定义为式（5-2）：

$$P_{\mathrm{avg}}(x) = \frac{1}{m}\sum_{j=1}^{m} P_j(x) \tag{5-1}$$

$$\mathrm{acc}_j = \frac{1}{l}\sum_{i=1}^{l} \frac{P_j(s^l_i)}{P_{\mathrm{avg}}(s^l_i)} \tag{5-2}$$

根据式（5-1）和式（5-2）的 10 个相关性度量的相对总体聚类求解精度见
图 5-6。

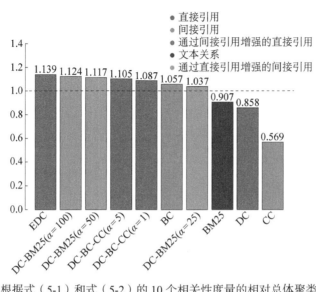

图 5-6 根据式（5-1）和式（5-2）的 10 个相关性度量的相对总体聚类求解精度
（Ahlgren et al.，2020）（文后附彩图）

根据其精度值从左到右降序排列。此外，条形的颜色指示计算类型。红色条对应直接引用（DC），两个蓝色条对应间接引用（BC 和 CC），三个绿色条对应通过间接引用增强的直接引用（两个 DC-BC-CC 变体和 EDC），紫色条对应文本关系（BM25），三个橙色条表示通过文本关系增强的直接引用（DC-BM25 的三个变体）。水平虚线表示平均性能

三、结论与讨论

本节研究了 7 种方法，结果表明，使用扩展的直接引用（EDC）以及通过文献耦合（BC）和同被引（CC）或文本关系（BM25）对直接引用（DC）进行增强，相对 DC 而言都可以提升社团划分的精确性。EDC 提供了最佳性能，有趣的是，与通过文献耦合和同被引增强直接引用相比，通过文本关系（BM25）增强直接引用会产生更好的性能。

该研究的局限性在于，可能会认为 MeSH 方法并非完全独立于基于摘要和标题中的文本的相关性度量，因为将 MeSH 术语分配给论文的标引人也会部分依赖标题和全文。因此，MeSH 方法可能不完全独立于方法 BM25 和 DC-BM25。但是，MeSH 由受控词表构成，而 BM25 则基于非受控词表，其来源是论文的作者。鉴于此，我们认为 MeSH 方法与在摘要和标题中使用术语的方法有很大不同。需要指出的是，两个具有相似准确性的方案也未必就具有相似的论文社团划分结果。鉴于此，在未来的研究中，我们将进一步比较社团解决方案，以加深对基于不同相关性度量的社团如何发散的理解。

第六章　讨论与展望

　　本书围绕网络的社团这一核心问题，将笔者团队在过去一段时间里的相关研究成果进行了汇总和梳理，既包括理论和方法的探索，也包括实践应用；既有系统的综合框架，也有独立的指标；既有对已有研究的综述，也有笔者的原创性成果。将这些成果汇集在一起的过程，又进一步加深了笔者对网络社团应用研究的理解和认识。有关网络社团的研究，笔者尝试提出以下几点思考，与读者探讨。

　　首先，利用合作网络来揭示科学结构的研究虽然颇具价值，但是依然要关注合作网络本身存在的悖论（Macfarlane，2017）。合作成为以合著方式来定量衡量科研绩效的一部分，但合作也是一个复杂而矛盾的概念。一方面，鼓励学术工作人员在研究活动方面进行合作；另一方面，他们的职业和晋升前景取决于其在建立独立工作体系和获得研究经费方面的个人成就的评估。一方面，合作是一个利他行为，包括为了科学进步的共同利益而自由分享思想，帮助经验不足的同事发展和通过一系列学术平台传播知识；另一方面，合作本质上是自利的，要通过合作来增加研究产出、强化已建立的人际关系。可见，尽管合作一直是学术工作的核心，但在评价科研绩效和践行科研合作过程中引发的个人目标与集体目标冲突这一现实，尤为值得关注。

　　其次，在基于引用关系开展网络社团研究方面，虽然引用关系能够体现学术成果的传递性，反映科学领域的发展和学科间的关系，但引用关系的发生动机往往不一致，一部分是对论文结果持表扬、认可、肯定态度的正向引用，一部分是简短陈述或重新表述论文结果的中性引用，还有一部分是不认可或暗示论文结果的缺陷及错误的负向引用（Le et al.，2019）。若对这三类引用都建立统一无差别的引用关系，很可能导致划分到一个社团内的作者或文献的研究内容并非严格意义上的相似。可见，区分引用动机类型构建引用关系，是今后值得关注的问题。

　　最后，在学术网络研究方面，目前静态网络的研究比较普遍，仅揭示了在一个时间段内科研团体的总体情况。但随着时间的推移，作者、文献在不断新旧更替，科学结构也在不断发生变化。根据时间切片对每个时间段的混合网络进行社团划分，探究作者与文献节点的增删对科学结构的影响，而目前在动态网络中发现社团结构或进行社团划分的研究相对较少，因此要实现理论与实践的丰富与突破存在一定的难度。在今后的相关研究中，利用动态网络的结构变动研究来识别科学结构随时间变化而产生的动态变化具有重大意义，可以展示更多更丰富的科学结构演化信息。

  总之，基于前文所述，科学地开展网络社团划分研究，需要认识到网络的拓扑结构信息和语义信息，充分考虑网络构建中各类关系的相关性和融合性。

  同时，本书的研究成果也具有较强的应用价值。当前全球科技竞争加剧态势明显，固有合作规则不断被打破，我国需要探索科技开放合作新路径、新举措。网络的社团分析通过构建符合客观事实的网络，开展社团划分研究，从微观、中观、宏观层面揭示学科领域的科学结构，有利于快速清晰地认识领域研究领军人物与科研团体或科学共同体，支撑科技合作的组织与开展。

  网络的社团分析还可以用于支持优秀人才发现与成效评估工作。我国的科技人才队伍规模全球领先，但总体水平依然不高，与建设科技强国目标需求相比还存在很大差距，特别是科学大师、战略科学家、科技领军人才、顶尖基础研究人才和关键核心技术人才匮乏。因此，可以利用科学家合作网络、引用网络与混合网络的结构和特征开展针对人才的评价与遴选工作，通过每位作者在这些网络社团中的特定位置、关系与发挥的作用来客观揭示潜在的战略科学家、科技领军人才、各类高层次人才与优秀的青年科学家，进而最大化地提高发现和培养科技人才的效率。

参 考 文 献

保丽红. 2020. 主成分分析与线性判别分析降维比较[J]. 统计学与应用, 9（1）: 47-52.

毕崇武, 叶光辉, 彭泽, 等.2022. 引文内容视角下的引文网络知识流动效应研究[J]. 情报科学, 40（2）: 49-58.

陈长赓.2019. 异构信息网络下基于元路径的节点重要性度量和社区发现[D]. 昆明: 云南大学.

陈柯竹, 麻茹则, 王芳. 2018. RNA 特异性腺苷脱氨酶的生物学作用及其与人类疾病的关系[J].中南大学学报（医学版）, 43（8）: 904-911.

陈伟, 周文, 郎益夫, 等.2014. 基于合著网络和被引网络的科研合作网络分析[J]. 情报理论与实践, 37（10）: 54-59.

陈毅.2016. 基于统计推理的复杂网络社区结构分析[D]. 哈尔滨: 哈尔滨工业大学.

陈远, 王菲菲. 2011. 基于 CSSCI 的国内情报学领域作者文献耦合分析[J]. 情报资料工作, 5: 6-12.

陈云伟. 2016. 引文网络演化研究进展分析[J]. 情报科学, 34（8）: 171-176.

陈云伟, 陶诚, 周海晨, 等.2021. 基因编辑技术研究进展与挑战[J]. 世界科技研究与发展, 43（1）: 8-23.

程元堃, 蒋言, 程光. 2019. 基于 word2vec 的网站主题分类研究[J]. 计算机与数字工程, 47（1）: 169-173.

丁敬达. 2011. 创新知识社区内部科学交流的特征和规律——基于某国家重点实验室的实证分析[J]. 情报学报, 30（10）: 1086-1094.

丁敬达, 王新明. 2019. 基于作者贡献声明的合著者贡献率测度方法[J]. 图书情报工作, 63（16）: 95-102.

丁平尖. 2015. 基于元路径的异构信息网络挖掘方法研究[D]. 长沙: 湖南大学.

樊向伟, 肖仙桃.2015. 论文合著者贡献分配算法研究进展及比较分析[J]. 图书情报工作, 59（10）: 116-123.

高苌婕, 彭敦陆. 2017. 面向 DBWorld 数据挖掘的学术社区发现算法[J]. 计算机应用研究, 7: 2059-2062.

侯海燕, 刘则渊, 陈悦, 等. 2006. 当代国际科学学研究热点演进趋势知识图谱[J]. 科研管理，27（3）：90-96.

侯跃芳，崔雷，吴迪. 2007. 应用引文共引聚类-内容词分析法对学科发展的研究[J]. 情报学报，26（2）：309-314.

黄瑞阳，吴奇，朱宇航. 2017. 基于联合矩阵分解的动态异质网络社区发现方法[J]. 计算机应用研究，34（10）：2989-2992.

康宇航. 2017. 基于"耦合-共引"混合网络的技术机会分析[J]. 情报学报，36（2）：170-179.

雷雪，王立学，曾建勋. 2015. 作者合著有向网络构建与分析[J]. 图书情报工作，59（5）：94-99.

李凤芹. 2010. 中文生态学论文署名中的第一作者与通讯作者/责任作者[J]. 中国科技期刊研究，21（4）：530-532.

李纲，唐晶，毛进，等. 2021. 基于演化事件探测的学科领域科研社群演化特征研究——以图书馆学情报学为例[J]. 图书情报工作，65（17）：79-90.

李晓佳，张鹏，狄增如，等. 2008. 复杂网络中的社团结构[J]. 复杂系统与复杂性科学，5（3）：19-42.

李一平，刘细文. 2014. 科学共同体文献计量学特征研究[J]. 图书情报工作，58（9）：62-68.

廖青云. 2018. 科研团队识别及其绩效影响因素研究[D]. 北京：北京理工大学.

林聚任. 2009. 社会网络分析：理论、方法与应用（第1版）.北京：北京师范大学出版社.

林友芳，王天宇，唐锐，等. 2012. 一种有效的社会网络社区发现模型和算法.计算机研究与发展，49（2）：337-345.

刘殿中. 2020. 动态金融复杂数据的欺诈检测[D]. 青岛：青岛大学.

刘培奇，孙捷焓. 2012. 基于LDA主题模型的标签传递算法[J]. 计算机应用，2（2）：403-406，410.

刘雪立. 2012. 基于Web of Science和ESI数据库高被引论文的界定方法[J]. 中国科技期刊研究，23（6）：975-978.

鲁晶晶，谭宗颖，刘小玲，等. 2015. 国际合作中国家主导合作研究的网络构建与分析[J]. 情报杂志，34（12）：60-66，100.

吕鹏辉，张士靖. 2014. 学科知识网络研究（Ⅰ）引文网络的结构、特征与演化[J]. 情报学报，33（4）：340-348.

栾婷婷. 2019. 基于异构网络社区划分的医疗滥用检测研究[D]. 济南：山东大学.

罗纪双. 2019. 科研合作社区亲密度分析与可视化展示[D]. 石家庄：石家庄铁道大学.

马费成，宋恩梅. 2006. 我国情报学研究分析：以ACA为方法[J]. 情报学报，25（3）：256-

268.

马瑞敏，倪超群.2012. 作者耦合分析：一种新学科知识结构发现方法的探索性研究[J]. 中国图书馆学报，38（198）：4-11.

马艳艳，刘凤朝，孙玉涛.2011. 中国大学–企业专利申请合作网络研究[J]. 科学学研究，29（3）：390-395，332.

马云彤.2012. 2006—2010 年国内期刊出版专题研究高被引论文分析[J]. 编辑学报，24（4）：335-338.

毛健民，李俐俐.2001. 拟南芥——植物界的"果蝇"[J]. 生物学通报，36（12）：13-14.

普赖斯.1982. 大科学·小科学[M]. 宋剑耕，戴振飞，译. 北京：世界科学社.

钱学森，于景元，戴汝为.1990. 一个科学新领域——开放的复杂巨系统及其方法论[J]. 自然杂志，13（1）：3-10，64.

邱均平，陈晓宇，何文静.2015. 科研人员论文引用动机及相互影响关系研究[J]. 图书情报工作，9：36-44.

邱均平，王菲菲.2010. 基于 SNA 的国内竞争情报领域作者合作关系研究[J]. 图书馆论坛，30（6）：34-40，134.

孙艺洲，韩家炜.2016. 异构信息网络挖掘：原理和方法[M]. 段磊，朱敏，唐常杰，译. 北京：机械工业出版社.

童浩，余春艳.2014. 基于排名分布的异构信息网络协同聚类算法[J]. 小型微型计算机系统，35（11）：2445-2449.

托马斯·库恩.2012. 科学革命的结构（第四版）[M]. 金吾伦，胡新和，译. 北京：北京大学出版社.

汪小帆，刘亚冰.2009. 复杂网络中的社团结构算法综述[J]. 电子科技大学学报，38（5）：537-543.

王春龙，张敬旭.2014. 基于 LDA 的改进 K-means 算法在文本聚类中的应用[J]. 计算机应用，34（1）：249-254.

王开军，张军英，李丹，等.2007. 自适应仿射传播聚类[J]. 自动化学报，33（12）：1242-1246.

王沛然.2020. 基于知识图谱的文献分析系统的设计与实现[D]. 北京：北京邮电大学.

王朋，张旭，赵蕴华，等.2010. 校企科研合作复杂网络及其分析[J]. 情报理论与实践，33（6）：89-93.

王婷.2016. 异构社交网络中社区发现算法研究[D]. 北京：中国矿业大学（北京）.

王炎，魏瑞斌.2016. 基于多数据源的专家学术网络构建研究[J]. 情报杂志，35（12）：121-

126，138.

王益文. 2015. 复杂网络节点影响力模型及其应用[D]. 杭州：浙江大学.

卫军朝，蔚海燕. 2011. 科学结构及演化分析方法研究综述[J]. 图书与情报，2011（4）：48-52.

吴卫江，李沐南，李国和. 2016. Louvain 算法的并行化处理[J]. 计算机与数字工程，44（8）：1402-1406.

吴瑶，申德荣，寇月，等. 2020. 多元图融合的异构信息网嵌入[J]. 计算机研究与发展，57（9）：1928-1938.

吴祖峰，王鹏飞，秦志光，等. 2013. 改进的 Louvain 社团划分算法[J]. 电子科技大学学报，42（1）：105-108.

夏玮，杨鹤标. 2017. 改进的 Louvain 算法及其在推荐领域的研究[J]. 信息技术，41（11）：125-128.

谢彩霞，刘则渊. 2006. 科研合作及其科研生产力功能[J]. 科学技术与辩证法，23（1）：99-102，112.

薛维佳. 2020. 异构信息网络中基于聚类的社区发现方法研究[D]. 包头：内蒙古科技大学.

殷浩潇，李川. 2016. 异构信息网络概率模型研究及社区发现算法[J]. 现代计算机，3：3-6，16.

尹丽春，刘泽渊. 2006. 《科学计量学》引文网络的演化研究[J]. 中国科技期刊研究，7（5）：718-722.

余思雨. 2021. 基于复杂网络的科研关系研究[D]. 北京：北京邮电大学.

曾严昱，丁志军. 2017. 考虑重要性赋权的分部多关系聚类方法[J]. 小型微型计算机系统，38（6）：1227-1230.

张海涛，周红磊，张鑫蕊，等. 2020. 在线社交网络的社区发现研究进展[J]. 图书情报工作，64（9）：142-152.

张晗，王晓瑜，崔雷. 2007. 共词分析法与文献被引次数结合研究专题领域的发展态势[J]. 情报理论与实践，30（3）：378-380，426.

张瑞红，陈云伟，邓勇. 2019. 用于科学结构分析的混合网络社团划分方法述评[J]. 图书情报工作，63（4）：135-141.

张正林. 2017. 大规模异构信息网络社区发现算法与社区特征研究[D]. 北京：北京邮电大学.

赵红洲. 1981. 论科学结构[J]. 中州学刊，3：59-65，133.

赵焕. 2015. 基于异构网络聚类的 Web 服务推荐系统研究[D]. 重庆：重庆大学.

赵浚吟，杨辰毓妍. 2019. 基于融合网络的学术创新社区发现研究——以基因编辑研究领域为例[J]. 图书情报导刊，4（9）：37-44.

郑玉艳，王明省，石川，等. 2018. 异质信息网络中基于元路径的社团发现算法研究[J]. 中文信息学报，32（9）：132-142.

Ahlgren P，Chen Y W，Colliander C，et al. 2020. Enhancing direct citations：a comparison of relatedness measures for community detection in a large set of PubMed publications[J]. Quantitative Science Studies，1（2）：714-729.

Ahlgren P，Colliander C. 2009. Document-document similarity approaches and science mapping：experimental comparison of five approaches[J]. Journal of Informetrics，3（1）：49-63.

Aung T T，Nyunt T T S. 2020. Community detection in scientific co-authorship networks using neo4j[C]//2020 IEEE Conference on Computer Applications（ICCA）. IEEE：1-6.

Berlingerio M，Coscia M，Giannotti F. 2011. Finding and characterizing communities in multidimensional networks[C]//2011 International Conference on Advances in Social Networks Analysis and Mining，490-494.

Bibikova M，Carroll D，Segal D，et al. 2001. Stimulation of homologous recombination through targeted cleavage by chimeric nucleases[J]. Molecular and Cellular Biology，21（1）：289-297.

Blei D M，Ng A Y，Jordan M I. 2003. Latent Dirichlet allocation[J]. Journal of Machine Learning Research，3（1）：993-1022.

Blondel V D，Guillaume J L，Lambiotte R，et al. 2008. Fast unfolding of communities in large networks[J]. Journal of Statistical Mechanics：Theory and Experiment，10：P10008.

Boccaletti S，Latora V，Moreno Y，et al. 2006. Complex networks：structure and dynamics[J]. Physics Reports，424：175-308.

Boyack K W，Klavans R，Börner K. 2005. Mapping the backbone of science[J]. Scientometrics，64（3）：351-374.

Boyack K W，Klavans，R. 2014. Including cited non-source items in a large-scale map of science：what difference does it make?[J]. Journal of Informetrics，8（3）：569-580.

Börner K，Dall'Asta L，Ke W M，et al. 2005. Studying the emerging global brain：analyzing and visualizing the impact of co-authorship teams[J]. Complexity：Special Issue on Understanding Complex Systems，10（4）：57-67.

Börner K，Klavans R，Patek M，et al. 2012. Design and update of a classification system：the UCSD map of science[J]. PloS One，7（7）：e39464.

Calero-Medina C，Noyons E C M. 2008. Combining mapping and citation network analysis for a better understanding of the scientific development：the case of the absorptive capacity field[J]. Journal of Informetrics，2（4）：272-279.

Chandrasegaran S, Carroll D. 2016. Origins of programmable nucleases for genome engineering[J].
Journal of Molecular Biology, 428（5）: 963-989.

Chen C M, SanJuan F I, Hou J. 2010. The structure and dynamics of co-citation clusters: a
multiple-perspective co-citation analysis[J]. Journal of the American Society for Information
Science and Technology, 61（7）: 1386-1409.

Chen J, Geyer W, Dugan C, et al. 2009. Make new friends, but keep the old: recommending
people on social networking sites[C]//Proceedings of the 2009 SIGCHI Conference on Human
Factors in Computing Systems, 201-210.

Chen P, Redner S. 2010. Community structure of the physical review citation network[J]. Journal
of Informetrics, 4（3）: 278-290.

Chen W, Yin F, Wang G. 2013. Community discovery algorithm of citation semantic link
network[C]//2013 Sixth International Symposium on Computational Intelligence and Design.
IEEE, 2: 289-292.

Chen W L, Yin F X, Wang Y. 2013. Community discovery algorithm of citation semantic link
network[J]. Computational Intelligence and Design（ISCID）, 2: 289-292.

Chen Y W, Börner K, Fang S. 2012. Evolving collaboration networks in Scientometrics in 1978-
2010: a micro-macro analysis[J]. Scientometrics, 95（3）: 1051-1070.

Chen Y W, Xiao X, Deng Y, et al. 2017. A weighted method for citation network community
detection[C]//Proceedings of the 16th International Conference on Scientometrics and
Informetrics, 58-67.

Cohn D, Hofmann T. 2000. The missing link—a probabilistic model of document content and
hypertext connectivity[J]. Advances in Neural Information Processing Systems, 13.

Crane D. 1969. Social structure in a group of scientists: a test of the "invisible college" hypothesis
[J]. American Sociological Review, 34（3）: 335-352.

Danon L, Diaz G A, Duch J, et al. 2005. Comparing community structure identification[J].
Journal of Statistical Mechanics: Theory and Experiment, 9: P09008.

Ding Y, Chowdhury G G, Foo S. 2000. Incorporating the results of co-word analyses to increase
search variety for information retrieval[J]. Journal of Information Science, 26（26）: 429-451.

Du S, Niu K, He Z Q, et al. 2015. Community detection analysis of heterogeneous network[C]//
2015 International Conference on Cyber-Enabled Distributed Computing and Knowledge
Discovery, 509-512.

Erosheva E, Fienberg S, Lafferty J. 2004. Mixed-membership models of scientific publications

[C]//Proceedings of the National Academy of Sciences of the United States of America，101：1.

Fildler M. 1973. Algebraic Connectivity of Graphs[J]. Czechoslovak Mathematical Journal，23（98）：298-305.

Fortunato S，Barthélemy M. 2007. Resolution limit in community detection[J]. Proceedings of the National Academy of Sciences，104（1）：36-41.

Fortunato S，Castellano C. 2007. Community structure in graphs[J]. arXiv preprint arXiv，0712：2716.

Fujita K，Kajikawa Y，Mori J，et al. 2014. Detecting research fronts using different types of weighted citation networks[J]. Journal of Engineering and Technology Management，32：129-146.

Gao J，Liang F，Fan W，et al. 2009. Graph-based consensus maximization among multiple supervised and unsupervised models[J]. Advances in Neural Information Processing Systems，22：585-593.

Gherardini A，Nucciotti A. 2017. Yesterday's giants and invisible colleges of today：a study on the "knowledge transfer" scientific domain[J]. Scientometrics，112（4）：255-271.

Girvan M，Newman M E J. 2002. Community structure in social and biological networks[J]. Proceedings of the National Academy of Sciences，99（12）：7821-7826.

Glenisson P，Glänzel W，Janssens F，et al. 2005. Combining full text and bibliometric information in mapping scientific disciplines[J]. Information Processing & Management，41（6）：1548-1572.

Glänzel W，Thijs B. 2017. Using hybrid methods and 'core documents' for the representation of clusters and topics：the astronomy dataset[J]. Scientometrics，111（2）：1071-1087.

Guimerà R，Sales-Pardo M，Amaral L A N. 2007. Module identification in bipartite and directed networks[J]. Physical Review E：Statistical Nonlinear & Soft Matter Physics，76（2）：036102.

Guimerà R，Uzzi B，Spiro J，et al. 2005. Team assembly mechanisms determine collaboration network structure and team performance[J]. Science，308（5722）：697-702.

Gupta M，Aggarwal C C，Han J，et al. 2011. Evolutionary clustering and analysis of bibliographic networks[C]//International Conference on Advances in Social Networks Analysis and Mining，USA：IEEE.

Hajjem M，Latiri C. 2017. Combining IR and LDA topic modeling for filtering microblogs[J]. Procedia Computer Science，112：761-770.

Halkidi M，Batistakis Y，Vazirgiannis M. 2001. On clustering validation techniques[J]. Journal of

Intelligent Information Systems, 17 (2): 107-145.

Hamedani M R, Kim S W, Kin D J. 2016. SimCC: a novel method to consider both content and citations for computing similarity of scientific papers[J]. Information Sciences, 334: 273-292.

Haunschild R, Schier H, Marx W, et al. 2018. Algorithmically generated subject categories based on citation relations: an empirical micro study using papers on overall water splitting[J]. Journal of Informetrics, 12 (2): 436-447.

Hefner A G. 1981. Multiple authorship and sub-authorship collaboration in four disciplines[J]. Scientometrics, 3 (1): 23.

Hmimida M, Kanawati R. 2015. Community detection in multiplex networks: a seed-centric approach[J]. Networks & Heterogeneous Media, 10 (1): 71-85.

Hofmann T. 1999. Probabilistic latent semantic indexing[C]//Proceedings of the 22nd Annual International ACM SIGIR Conference on Research and Development in Information Retrieval, 50-57.

Hotson H. 2016. Highways of light to the invisible college: linking data on seventeenth-century intellectual diasporas[J]. Intellectual History Review, 26 (1): 71-80.

Hou T T, Yao X J, Gong D W. 2021. Community detection in software ecosystem by comprehensively evaluating developer cooperation intensity[J]. Information and Software Technology, 130: 106451.

Huang W H, Liu Y, Chen Y G. 2019. Mixed membership stochastic blockmodels for heterogeneous networks[J]. Bayesian Analysis, 15 (3): 711-736.

Janssens F. 2007. Clustering of scientific fields by integrating text mining and bibliometrics.

Janssens F, Glänzel W, De Moor B. 2008. A hybrid mapping of information science[J]. Scientometrics, 75 (3): 607-631.

Janssens F, Zhang L, De Moor B, et al. 2009. Hybrid clustering for validation and improvement of subject-classification schemes[J]. Information Processing & Management, 45 (6): 683-702.

Ji M, Han J, Danilevsky M. 2011. Ranking-based classification of heterogeneous information networks[C]//Proceedings of the 17th ACM SIGKDD International Conference on Knowledge Discovery and Data Mining, 1298-1306.

Jia X P, Liu H Z. 2009. Latent document similarity model[J]. Computer Engineering, 35 (15): 32-34.

Jin T, Wu Q, Ou X, et al. 2021. Community detection and co-author recommendation in co-author networks[J]. International Journal of Machine Learning and Cybernetics, 12 (2): 597-

609.

Jinek M, Chylinski K, Fonfara I, et al. 2012. A programmable dual-RNA-guided DNA endonuclease in adaptive bacterial immunity[J]. Science, 337 (6096): 816-821.

Jones K S, Walker S, Robertson S E. 2000. A probabilistic model of information retrieval: development and comparative experiments: part 2[J]. Information Processing & Management, 36 (6): 809-840.

Kajikawa Y, Yoshikawa J, Takeda Y, et al. 2008. Tracking emerging technologies in energy research: toward a roadmap for sustainable energy[J]. Technological Forecasting and Social Change, 5 (6): 771-782.

Kanawati R. 2011. LICOD: leaders identification for community detection in complex networks[C]// 2011 IEEE Third International Conference on Privacy, Security, Risk and Trust and 2011 IEEE Third International Conference on Social Computing. IEEE: 577-582.

Karatas A, Sahin S. 2018. Application areas of community detection: a review[C]//2018 International Congress on Big Data, Deep Learning and Fighting Cyber Terrorism (IBIGDELFT).

Katz J S, Martin B R. 1997. What is research collaboration?[J]. Research Policy, 26 (1): 1-18.

Kaufman L, Rousseeuw P J. 1990. Finding Groups in Data: An Introduction to Cluster Analysis [M]. New York: John Wiley & Sons, 2009.

Kernighan B W, Lin S. 1970. An efficient heuristic procedure for partitioning graphs[J]. Bell System Technical Journal, 49 (2): 291-307.

Klavans R, Boyack K W. 2017. Which type of citation analysis generates the most accurate taxonomy of scientific and technical knowledge?[J]. Journal of the Association for Information Science and Technology, 68 (4): 984-998.

Kretschmer H. 1997. Patterns of behaviour in coauthorship networks of invisible colleges[J]. Scientometrics, 40 (3): 579-591.

Kusumastuti S, Derks M G M, Tellier S, et al. 2016. Successful ageing: a study of the literature using citation network analysis[J]. Maturitas, 93: 4-12.

Lambiotte R, Panzarasa P. 2009. Communities, knowledge creation, and information diffusion [J]. Journal of Informetrics, 3 (3): 180-190.

Lancichinetti A, Fortunato S. 2011. Limits of modularity maximization in community detection[J]. Physical Review E: Statistical Nonlinear & Soft Matter Physics, 84 (6): 066122.

Larsen K. 2008. Knowledge network hubs and measures of research impact, science structure, and publication output in nanostructured solar cell research[J]. Scientometrics, 74 (1): 123-142.

Le X Q，Chu J D，Deng S Y，et al. 2019. CiteOpinion：evidence-based evaluation tool for academic contributions of research papers based on citing sentences[J]. Journal of Data and Information Science，4（4）：26-41.

Li J，Sun P，Mao Q，et al. 2018. Path-graph fusion based community detection over heterogeneous information network[C]//2018 IEEE 20th International Conference on High Performance Computing and Communications，IEEE.

Li L，Fan K F，Zhang Z Y，et al. 2016. Community detection algorithm based on local expansion K-means[J]. Neural Network World，26（6）：589-605.

Lin L，Xia Z M，Li S H，et al. 2014. Detecting overlapping community structure via an improved spread algorithm based on PCA[C]//International Conference on Computer Science and Software Engineering（CSSE）. DEstech Publications，115-121.

Liu J，Wang J Z，Liu B H. 2020. Community detection of multi-layer attributed networks via penalized alternating factorization[J]. Mathematics，8（2）：239.

Liu T L，Gong M M，Tao D C. 2016. Large-cone nonnegative matrix factorization[J]. IEEE Transactions on Neural Networks and Learning Systems，28（9）：2129-2142.

Liu W，Chen L. 2013. Community detection in disease-gene network based on principal component analysis[J]. Tsinghua Science and Technology，18（5）：454-461.

Liu X，Liu W C，Murata T，et al. 2014. A framework for community detection in heterogeneous multi-relational networks[J]. Advances in Complex Systems，17（6）：1450018.

Lou H，Li S D，Zhao Y X. 2013. Detecting community structure using label propagation with weighted coherent neighborhood propinquity[J]. Physica A：Statistical Mechanics and Its Applications，392（14）：3095-3105.

Macfarlane B. 2017. The paradox of collaboration：a moral continuum[J]. Higher Education Research & Development，36（3）：472-485.

Mao J，Cao Y J，Lu K，et al. 2017. Topic scientific community in science：a combined perspective of scientific collaboration and topics[J]. Scientometrics，112（2）：851-875.

Mei Q Z，Cai D，Zhang D，et al. 2008. Topic modeling with network regularization[C]// Proceedings of the 17th International Conference on World Wide Web，101-110.

Meng X F，Shi C，Li Y T，et al. 2014. Relevance measure in large-scale heterogeneous networks[C]// Asia-pacific Web Conference. Berlin：Springer.

Meyer-Brötz F，Schiebel E，Brecht L. 2017. Experimental evaluation of parameter settings in calculation of hybrid similarities：effects of first- and second-order similarity，edge cutting， and weighting factors[J]. Scientometrics, 111（3）: 1307-1325.

Mimno D, Wallach H, Mccallum A. 2007. Community-based link prediction with text[C]//Nips Workshop, 2007.

Mok B Y, de Moraes M H, Zeng J, et al. 2020. A bacterial cytidine deaminase toxin enables CRISPR-free mitochondrial base editing[J]. Nature, 583（7817）: 631-637.

Moliner L A, Gallardo-Gallardo E, de Puelles PG. 2017. Understanding scientific communities: a social network approach to collaborations in talent management research[J]. Scientometrics, 113（3）: 1439-1462.

Murata T, Ikeya T. 2010. A new modularity for detecting one-to-many correspondence of communities in bipartite networks[J]. Advances in Complex Systems, 13（1）: 19-31.

Newman M E J. 2001. Scientific collaboration networks. II. Shortest paths, weighted networks, and centrality[J]. Physical Review E, 64（1）: 7.

Newman M E J. 2004. Fast algorithm for detecting community structure in networks[J]. Physical Review E, 69（6）: 066133.

Newman M E J, Girvan M. 2004. Finding and evaluating community structure in networks[J]. Physical Review E, 69（2）: 026113.

Nguyen T, Phung D, Adams B, et al. 2010. Hyper-community detection in the blogosphere[C]// Proceedings of Second ACM SIGMM Workshop on Social Media, 21-26.

Nicosia V, Mangioni G, Carchiolo V, et al. 2009. Extending the definition of modularity to directed graphs with overlapping communities[J]. Journal of Statistical Mechanics: Theory and Experiment, 3: P03024.

Pan J Y, Yang H J, Faloutsos C, et al. 2004. Automatic multimedia cross modal correlation discovery[C]//Proceedings of the 10th ACM SIGKDD International Conference on Knowledge Discovery and Data Mining, 653-658.

Pan Y, Li D, Liu J, et al. 2010. Detecting community structure in complex networks via node similarity[J]. Physica A: Statistical Mechanics and Its Applications, 389（14）: 2849-2857.

Papadopoulos S, Kompatsiaris Y, Vakali A. 2010. A graph-based clustering scheme for identifying related tags in folksonomies[J]. Data Warehousing and Knowledge Discovery, 65-76.

Pathak N, Delong C, Banerjee A, et al. 2008. Social topic models for community extraction[C]// Proceedings of SNA KDD Workshop.

Pothen A, Simon H D, Liou K P. 1990. Partitioning sparse matrices with eigenvectors of graphs[J]. SIAM Journal on Matrix Analysis and Applications, 11（3）: 430-452.

Price D J，Beaver D. 1966. Collaboration in an invisible college[J]. American Psychologist，21（11）：1011-1018.

Qiu C，Chen W，Wang T，et al. 2015. Overlapping community detection in directed heterogeneous social network[J]. Web-Age Information Management，490-493.

Reinhard D. 2013. 图论（第四版）[M]. 于青林，王涛，王光辉，译. 北京：高等教育出版社.

Ren F X，Shen H W，Cheng X Q. 2012. Modeling the clustering in citation networks[J]. Physica A：Statistical Mechanics and Its Applications，391（12）：3533-3539.

Rosen-Zvi M，Griffiths T，Steyvers M，et al. 2004. The author-topic model for authors and documents[C]//Conference on Uncertainty in Artificial Intelligence，487-494.

Rotta R，Noack A. 2011. Multilevel local search algorithms for modularity clustering[J]. Journal of Experimental Algorithmics，16（2）：2.1-2.27.

Ruiz-Castillo J，Waltman L. 2015. Field-normalized citation impact indicators using algorithmically constructed classification systems of science[J]. Journal of Informetrics，9（1）：102-117.

Santos J M，Embrechts M. 2009. On the Use of the Adjusted Rand Index as A Metric for Evaluating Supervised Classification[M]. Berlin：Springer.

Sengupta S，Chen Y G. 2015. Spectral clustering in heterogeneous networks[J]. Statistica Sinica，25（3）：1081-1106.

Shah D，Zaman T. 2010. Community detection in networks：the leader-follower algorithm[J]. Workshop on Networks Across Disciplines in Theory and Applications.

Shi C，Kong X N，Yu P S，et al. 2012. Relevance search in heterogeneous networks[C]// Proceedings of the 15th International Conference on Extending Database Technology. ACM：180-191.

Shi C，Li Y T，Zhang J W，et al. 2017. A survey of heterogeneous information network analysis[J]. IEEE Transactions on Knowledge and Data Engineering，29（1）：17-37.

Shi C，Yu P S. 2017. Heterogeneous Information Network Analysis and Applications[M]. Berlin：Springer International Publishing AG.

Shi J J. 2011. The research of three typical community detection algorithms in complex networks[J]. Computer and Information Technology，19（4）：32-43，79.

Shibata N，Kajikawa Y，Takeda Y，et al. 2008. Detecting emerging research fronts based on topological measures in citation networks of scientific publications[J]. Technovation，28（11）：758-775.

Shibata N，Kajikawa Y，Takeda Y，et al. 2009. Early detection of innovations from citation networks[J]. Technovation, 32 (5): 567-578.

Sjögårde P, Ahlgren P. 2020. Granularity of algorithmically constructed publication-level classifications of research publications: Identification of specialties[J]. Quantitative Science Studies, 1 (1): 207-238.

Small H. 1998. A general framework for creating general large scale maps of science in two or three dimensions: the SciViz system[J]. Scientometrics, 41 (1-2): 125-133.

Subelj L, van Eck N J, Waltman L. 2016. Clustering scientific publications based on citation relations a systematic comparison of different method[J]. PLoS ONE, 11 (4): e0154404.

Sun Y Z, Aggarwal C C, Han J W. 2012. Relation strength-aware clustering of heterogeneous information networks with incomplete attributes[J]. Proceedings of the VLDB Endowment, 5 (5): 394-405.

Sun Y Z, Han J W. 2009. Ranking-based clustering of heterogeneous information networks with star network schema[C]//ACM SIGKDD International Conference on Knowledge Discovery & Data Mining.

Sun Y Z, Han J W. 2012. Mining heterogeneous information networks: principles and methodologies [J]. Synthesis Lectures on Data Mining and Knowledge Discovery, 3 (2): 1-159.

Sun Y Z, Han J W, Yan X, et al. 2011. PathSim: meta path-based top-k similarity search in heterogeneous information networks[J]. Proceedings of the VLDB Endowment, 4 (11): 992-1003.

Sun Y Z, Han J W, Zhao P, et al. 2009. RankClus: integrating clustering with ranking for heterogeneous information network analysis[C]//ACM SIGKDD International Conference on Knowledge Discovery & Data Mining.

Sun Y Z, Norick B, Han J, et al. 2013. PathSelClus: integrating meta-path selection with user-guided object clustering in heterogeneous information networks[J]. ACM Transactions on Knowledge Discovery from Data (TKDD), 7 (3): 1-23.

Suthers D, Fusco J, Schank P, et al. 2013. Discovery of community structures in a heterogeneous professional online network[C]//2013 46th Hawaii International Conference on System Sciences, 3262-3271.

Symeonidis P, Tiakas E, Manolopoulos Y. 2010. Transitive node similarity for link prediction in social networks with positive and negative links[C]//Proceedings of the 4th ACM Conference on Recommender Systems, 183-190.

Tafavogh S. 2014. Community detection on heterogeneous networks by multiple semantic-path clustering[C]//IEEE International Conference on Computational Aspects of Social Networks, IEEE.

Tan P N, Steinbach M, Kumar V. 2005. Introduction to Data Mining[M]. Boston: Addison-Wesley Longman Publishing Co. Inc.

Tang J, Zhang J, Yao L, et al. 2010. ArnetMiner: extraction and mining of academic social networks[C]//Proceedings of the 14th ACM SIGKDD International Conference on Knowledge Discovery and Data Mining, 990-998.

Tang L, Liu H. 2010. Community Detection and Mining in Social Media[M]. San Rafael: Morgan and Claypool Publishers, 1-137.

Tang L, Wang X, Liu H. 2009. Uncovernying groups via heterogeneous interaction analysis[C]//Ninth IEEE International Conference on Data Mining. USA: IEEE Computer Society.

Taskar B, Abbeel P, Koller D. 2002. Discriminative probabilistic models for relational data[C]//Eighteenth Conference on Uncertainty in Artificial Intelligence, 7 (7): 485-492.

Traag V A, Waltman L, van Eck N J. 2019. From Louvain to Leiden: guaranteeing well-connected communities[J]. Scientific Reports, 9 (1): 1-12.

van den Besselaar, Heimeriks G. 2006. Mapping research topics using word-reference co-occurrences: a method and an exploratory case study[J]. Scientometrics, 68 (3): 377-393.

van Eck N J, Waltman L. 2014. CitNetExplorer: a new software tool for analyzing and visualizing citation networks[J]. Journal of Informetrics, 8 (4): 802-823.

von Krogh G, Rossi-Lamastra C, Haefliger S. 2012. Phenomenon-based research in management and organisation science: when is it rigorous and does it matter?[J]. Long Range Planning, 45 (4): 277-298.

Waltman L, Boyack K W, Colavizza G, et al. 2020. A principled methodology for comparing relatedness measures for clustering publications[J]. Quantitative Science Studies, 1 (2): 691-713.

Waltman L, van Eck N J. 2012. A new methodology for constructing a publication-level classification system of science[J]. Journal of the American Society for Information Science and Technology, 63 (12): 2378-2392.

Waltman L, van Eck N J. 2013. A smart local moving algorithm for large-scale modularity-based community detection[J]. The European Physical Journal B, 86 (11): 1-14.

Wang R, Shi C, Yu P S, et al. 2013. Integrating clustering and ranking on hybrid heterogeneous information network[C]//Pacific-Asia conference on knowledge discovery and data mining.

Berlin: Springer, 583-594.

Wanjantuk P, Keane P. 2004. Finding related documents via communities in the citation graph[J]. Communications and Information Technology, 1: 445-450.

Wei L, Li Y. 2015. Multi-relational clustering based on relational distance[C]//Web Information System and Application Conference, 1982-1989.

Whitfield J. 2008. Collaboration: group theory[J]. Nature, 455: 720-723.

Xu X W, Yuruk N, Feng Z D, et al. 2007. SCAN: a structural clustering algorithm for networks[C]// Proceedings of the 13th ACM SIGKDD International Conference on Knowledge Discovery and Data Mining, 824-833.

Yakoubi Z, Kanawati R. 2014. LICOD: a leader-driven algorithm for community detection in complex networks[J]. Vietnam Journal of Computer Science, 1 (4): 241-256.

Yan E, Ding Y. 2012. Scholarly network similarities: how bibliographic coupling networks, citation networks, cocitation networks, topical networks, coauthorship networks, and coword networks relate to each other[J]. Journal of the American Society for Information Science and Technology, 63 (7): 1313-1326.

Yang Z, Algesheimer R, Tessone C J. 2016. Corrigendum: a comparative analysis of community detection algorithms on artificial networks[J]. Scientific Reports, 6 (1): 1-18.

Yin X X, Han J, Yu P S. 2007. CrossClus: user-guided multi-relational clustering[J].Data Mining and Knowledge Discovery, 15 (3): 321-348.

Yu D J, Wang W R, Zhang S, et al. 2017. Hybrid self-optimized clustering model based on citation links and textual features to detect research topics[J]. PLoS ONE, 12 (10): e0187164.

Yu D, Pan T. 2021. Tracing knowledge diffusion of TOPSIS: a historical perspective from citation network[J]. Expert Systems with Applications, 168: 114238.

Yuan P Y, Wang W, Song M Y. 2016. Detecting overlapping community structures with PCA technology and member index[C]//Proceedings of the 9th EAI International Conference on Mobile Multimedia Communications. New York: ACM Press, 121-125.

Yudhoatmojo S B, Samuar M A. 2017. Community detection on citation network of DBLP data sample set using LinkRank Algorithm[J]. Procedia Computer Science, 124: 29-37.

Zhang H Q, Guo H. 1997. Scientific research collaboration in China[J]. Scientometrics, 38 (2): 309-319.

Zhang L, Janssens F, Liang L M, et al. 2010. Journal cross-citation analysis for validation and improvement of journal-based subject classification in bibliometric research[J]. Scientometrics,

82（3）: 687-706.

Zhang X C, Li H X, Liang W X, et al. 2016. Multi-type Co-clustering of General Heterogeneous Information Networks via Nonnegative Matrix Tri-Factorization[C]//2016 IEEE 16th International Conference on Data Mining（ICDM）. USA: IEEE.

Zhang Y Z, Wang J Y, Wang Y, et al. 2009. Parallel community detection on large networks with propinquity dynamics[C]//Proceedings of the 15th ACM SIGKDD International Conference on Knowledge Discovery and Data Mining, 997-1006.

Zheng J, Gong J Y, Li R, et al. 2017. Community evolution analysis based on co-author network: a case study of academic communities of the journal of "Annals of the Association of American Geographers" [J]. Scientometrics, 113（2）: 845-865.

Zhou Y, Cheng H, Yu J X. 2009. Graph clustering based on structural/attribute similarities[J]. Proceedings of the VLDB Endowment, 2（1）: 718-729.

彩　　图

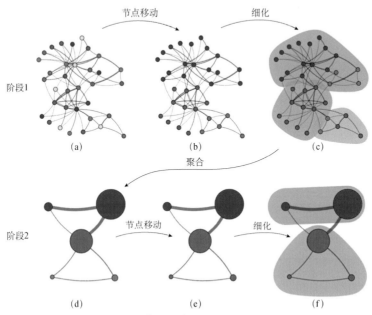

图 1-3　Leiden 算法示意图（Traag et al.，2019）

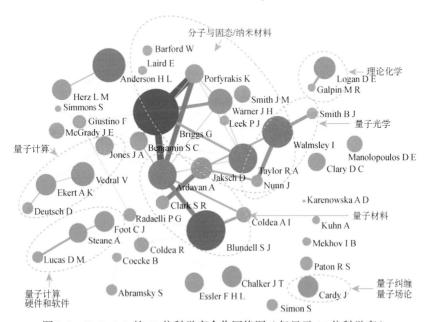

图 2-1　Oxford-Q 的 45 位科学家合作网络图（仅显示 45 位科学家）

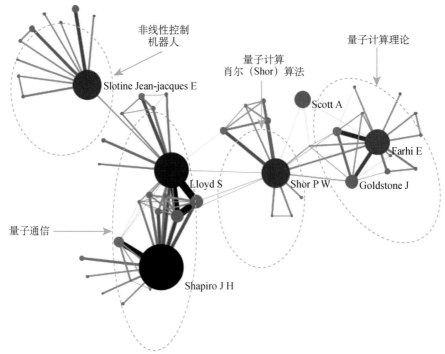

图 2-2 MIT-QIT 的 7 位科学家合作网络图（仅显示论文数量不低于 5 篇的合作者）

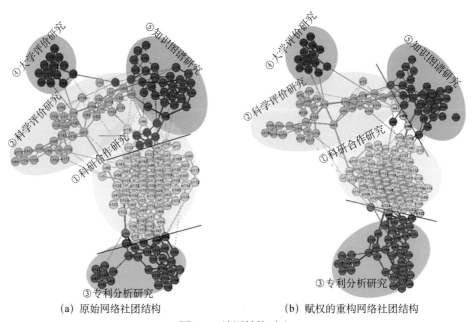

（a）原始网络社团结构　　　　　（b）赋权的重构网络社团结构

图 3-5 社团结构对比

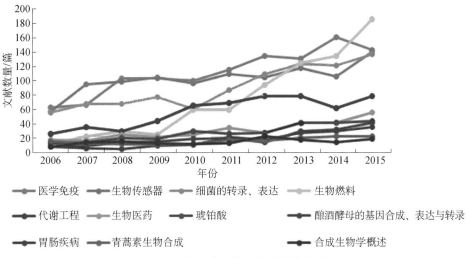

图 3-9　社团内文献出版时间分布图

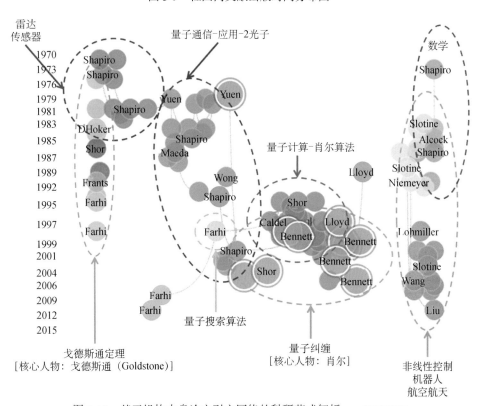

图 3-10　基于机构本身论文引文网络的科研范式解析——MIT-QIT

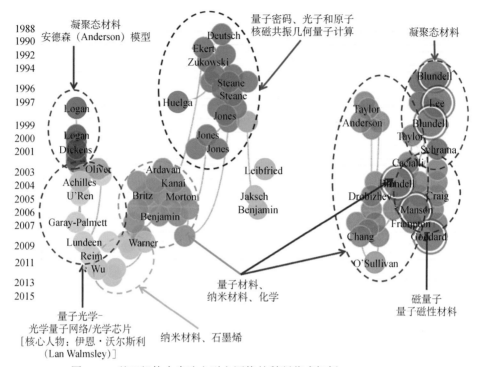

図 3-11　基于机构本身论文引文网络的科研范式解析——Oxford-Q

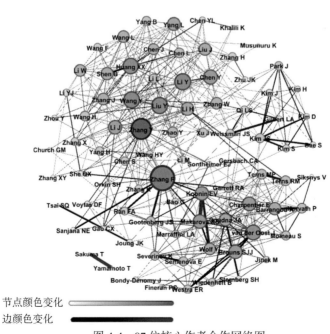

節点颜色变化

边颜色变化

图 4-4　87 位核心作者合作网络图

节点颜色变化

边颜色变化

图 4-5　459 位高被引作者合作网络图

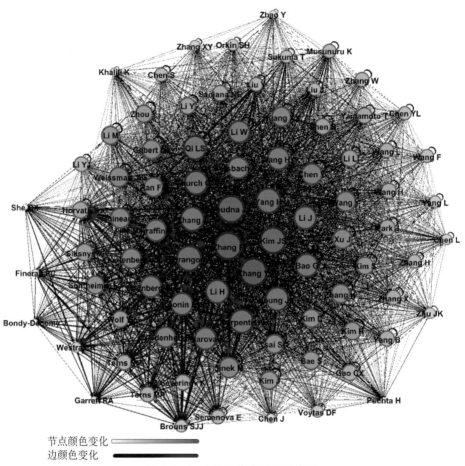

节点颜色变化

边颜色变化

图 4-6　87 位核心作者引用网络图

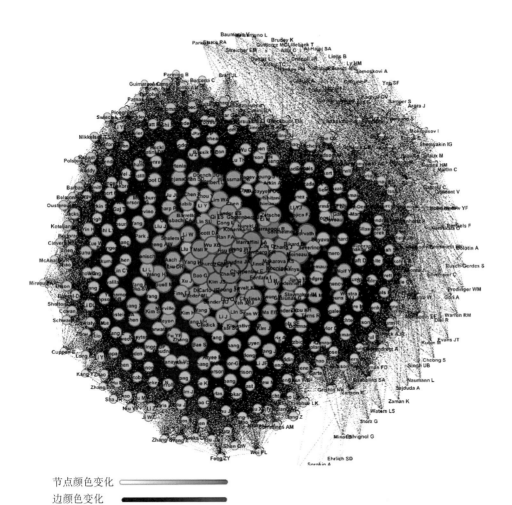

节点颜色变化 ━━━━━━━
边颜色变化 ━━━━━━━

图 4-7　459 位高被引作者引用网络图

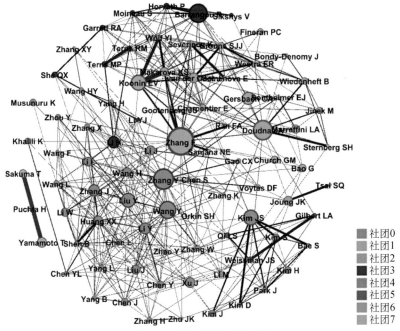

图 4-16　核心作者合作网络

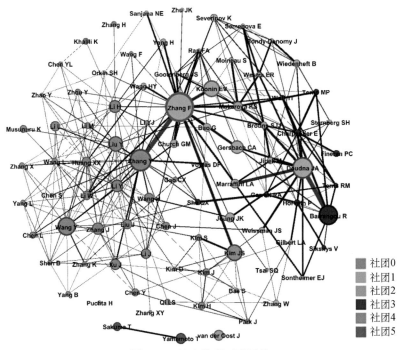

图 4-17　核心作者互引网络

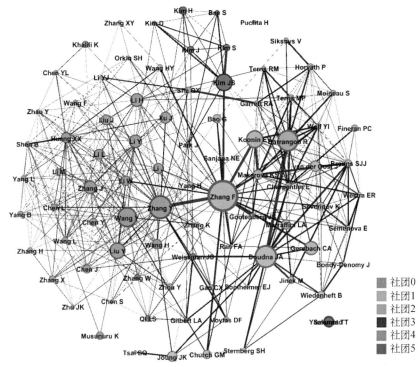

图 4-18　核心作者合作与互引数据混合加权网络

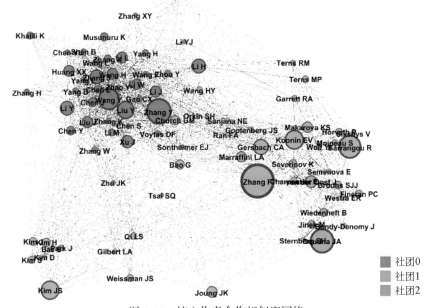

图 4-19　核心作者合作相似度网络

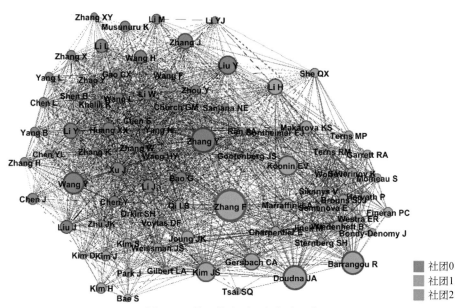

图 4-20　核心作者引用相似度网络

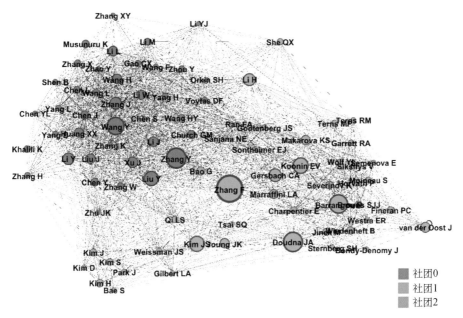

图 4-21 核心作者合作与引用相似度加权混合网络

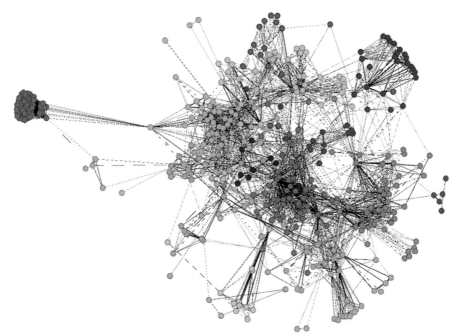

图 4-22 高被引作者合作网络

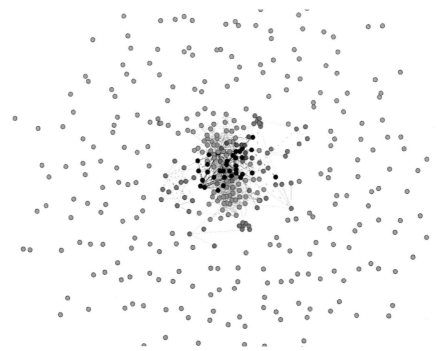

图 4-23 高被引作者引用网络

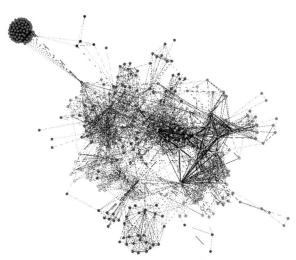

图 4-24　高被引作者混合加权网络

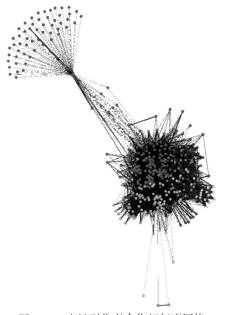

图 4-25　高被引作者合作相似度网络

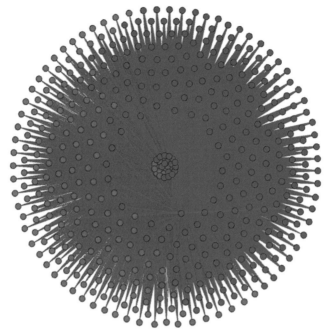

图 4-26　高被引作者引用相似度网络

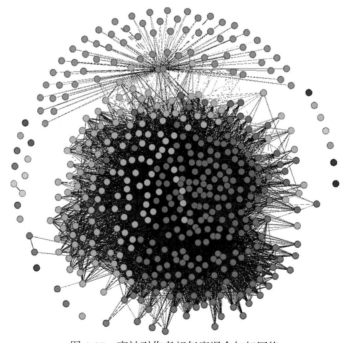

图 4-27　高被引作者相似度混合加权网络

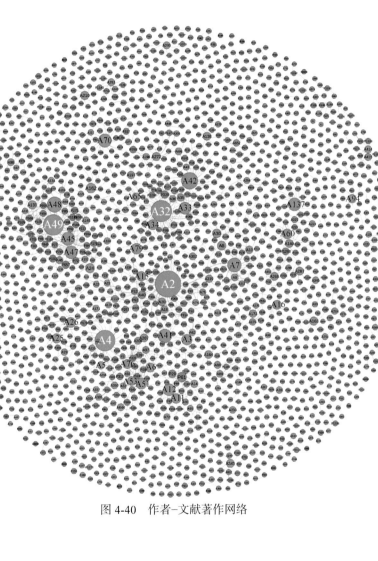

图 4-40　作者-文献著作网络

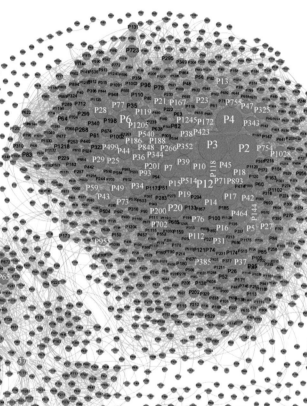

图 4-41　文献-文献引用网络

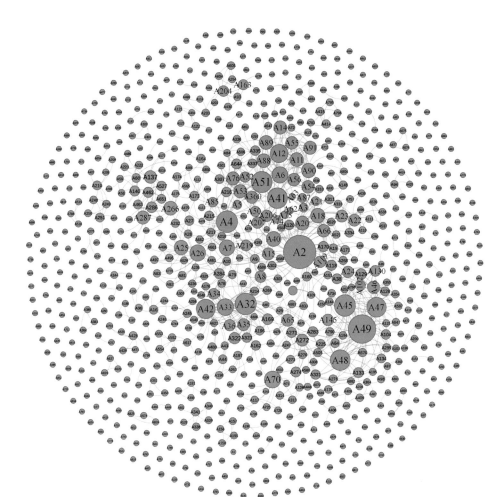

图 4-42　作者–作者合作网络

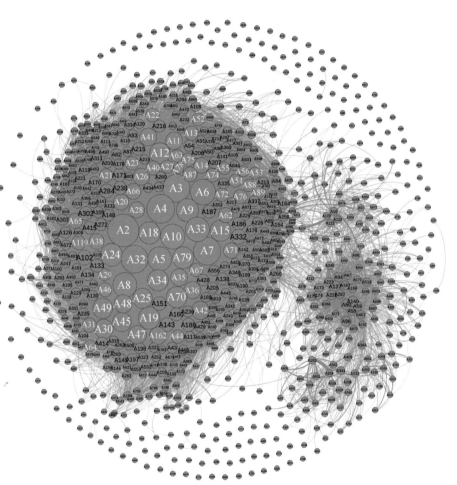

图 4-43　作者-作者引用网络

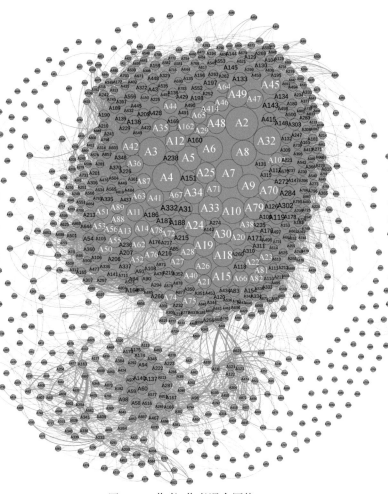

图 4-45　作者–作者混合网络

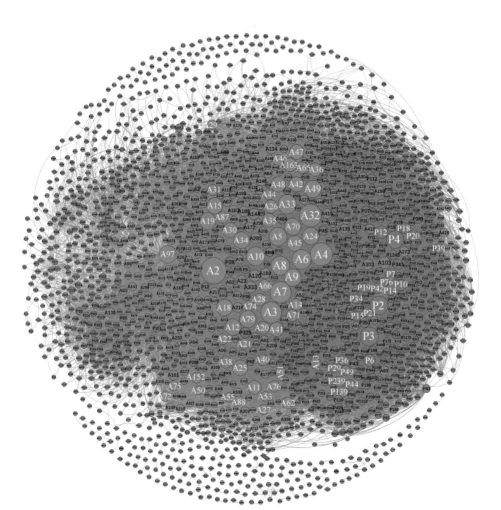

图 4-46　作者-文献混合网络

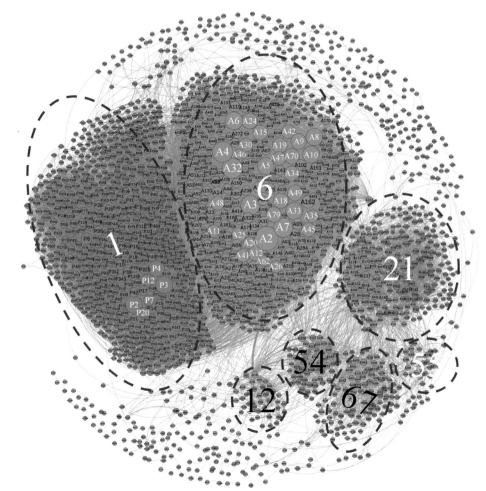

图 4-49　社团划分结果

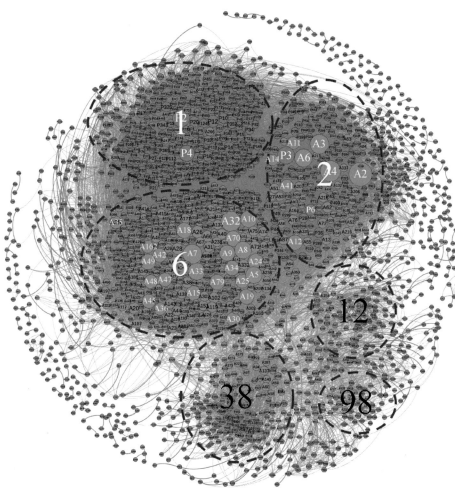

图 4-50　最终社团划分结果

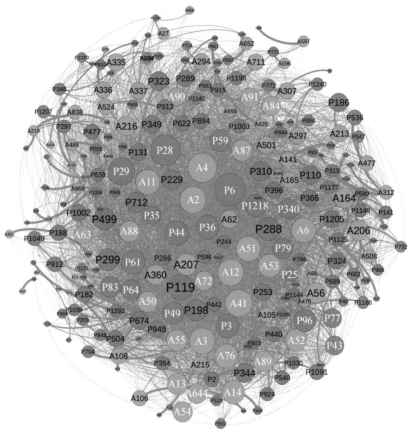

图 4-51　社团 2 的可视化展示

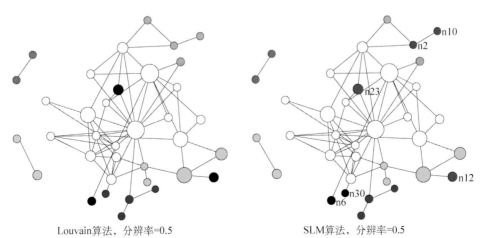

Louvain算法，分辨率=0.5　　　　　　SLM算法，分辨率=0.5

图 5-1　《科学计量学》期刊论文机构合作网络（1978～2010 年）

仅显示论文数大于 10 的 40 个节点

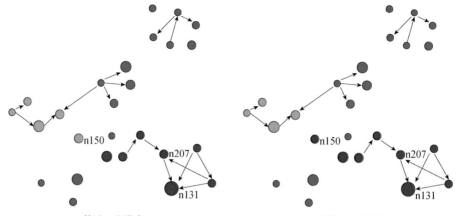

Louvain算法，分辨率=0.5　　　　　　　　SLM算法，分辨率=0.5

图 5-2　引文网络（1978～2010 年）

仅显示被引频次≥10 的 26 篇论文

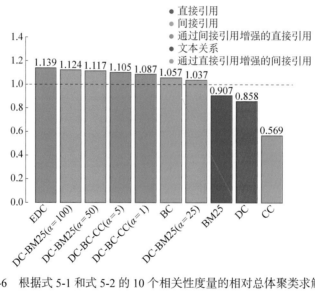

图 5-6　根据式 5-1 和式 5-2 的 10 个相关性度量的相对总体聚类求解精度

（Ahlgren et al.，2020）

根据其精度值从左到右降序排列。此外，条形的颜色指示计算类型。红色栏对应直接引用（DC），两个蓝色栏对应间接引用（BC 和 CC），三个绿色栏对应通过间接引用增强的直接引用（两个 DC-BC-CC 变体和 EDC），紫色栏对应文本关系（BM25），三个橙色的表示通过文本关系增强的直接引用（DC-BM25 的三个变体）。水平虚线表示平均性能